U0612384

兵器世界奥秘探索

海上霸王——军用舰艇的故事

田战省 编著

吉林出版集团
北方妇女儿童出版社

兵器世界奥秘探索

海上霸王——军用舰艇的故事

前言

Foreword

在漫漫的历史长河中，无论处在什么样的社会中，都会有大大小小的战争伴随着人类的发展，战争在给人类带来灾难的同时，也促进了社会和文明的进步。它不仅影响着国家的兴衰，也引领着军事变革和造就了军事名家。而集人类智慧于一体的武器则是战争舞台上的主角，它们无论是进攻还是防御,都尽情展示着自己巨大的威力，令世人震撼。

到目前为止，人类生活的空间还只是海洋与陆地，在可预见的将来也只能是这样。人们既然如此看重海洋所带来的滋养，那么，充分利用海洋给人类带来的种种利益，就成为任何一个现代国家都不能不高度重视的事情。随着人类对自然资源需求的愈加强烈,海洋对于未来发展的意义也必然就愈加紧迫和重要。

那么，海上武器装备的优劣将直接决定着海战交战国的作战能力，可以说，从古至今的所有大海战，都是国与国之间综合力量的大比拼。那些活跃在大海上的舰艇则很容易让人联想到了战争的残酷，与此同时，我们很难不对如此精妙的武器发出由衷的感叹！那是代表着人类智慧的结晶。

本书分为舰艇简史、军舰家族、移动领土、水下兵器和辅助舰艇五个板块，不但对舰艇发展史、世界上著名的军舰有所描述，更详细地介绍了多种海上战争武器独特的性能以及使用中发生的有趣故事。

为了体现真实性和趣味性，全书在图片的选取上，汇集了各式各样色彩丰富、内容精彩的图片，以期能够将相关兵器图片与文字有机地联系在一起，让读者在阅读时有如亲临现场，既能获知新鲜有用的兵器知识，又可以得到前所未有的震撼。

希望这本书能够将读者朋友们带领到一个五彩缤纷的海上武器世界。

目录

Contents

舰艇简史

军舰家族

移动领土

水下兵器

辅助舰艇

舰艇简史

海军已经在海上战斗了几百年，而木制战舰也一直是海军的主力，古老的海战靠撞击和士兵跳船近战决定胜负。16 世纪，大炮使木制战舰的时代结束了，古老的撞击战术也显得过时了。之后，蒸汽动力开始运用到舰艇之上，这无疑是舰艇史上的一次重大变革。大海战变得更加残酷起来……

兵器知识 > 古老的海战靠撞击和跳船近战决定胜负 木制战舰曾经是早期各国海军的主力

古老的军舰

在大多数人的印象中，军舰似乎是近代才有的海上作战武器，其实不然。因为人们透过许多证据发现，从古代战舰发展到现在军舰，经历过漫长的年代。事实上，在很早以前，古人就已经开始运用大型的军舰进行一系列的海上争霸活动……而那些古老的军舰，带给世人的绝不仅仅是大小的征战，更是一种了不起的创造力。

军舰的雏形

军舰发展历经了数千年，早在两千多年前的春秋战国时期，吴国的水军就曾在浩瀚的江面上摆开战场，与楚军舟师决战。

我们都听过古希腊的阿基米德用镜子点燃来犯罗马军舰的故事。在这次事件中，希腊人虽然最终以巧妙的办法取得了战争的胜利，可是我们对于古罗马人海上作战的能力和其先进的装备，尤其是那些载着他们在海上航行的军舰不得不刮目相看。

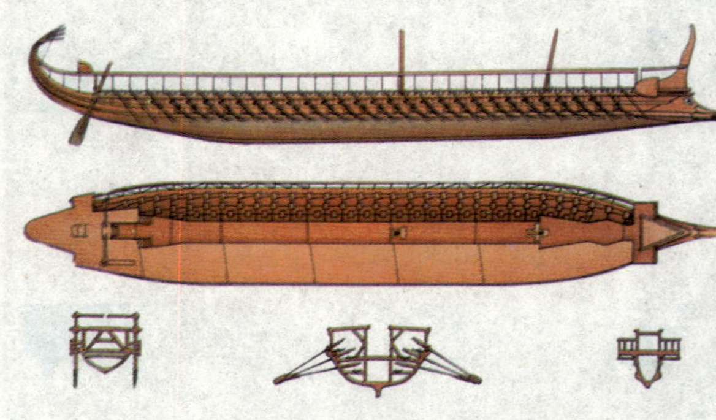

古希腊战船结构示意图。

亚克兴海战

按照大多数人的观点，最早的军舰出现在古罗马时代。据说那时罗马帝国的双排桨战舰，曾经在地中海沿岸地区大显威风。

大约开始于公元前32年的亚克兴海战更是将军舰在海战中的巨大优势发挥得淋漓尽致。这场战争的双方分别是古罗马的两大元首安东尼和屋大维，两人为了争夺国家权力，在海上进行了大战。当时，安东尼与屋大维的260艘桨帆战舰进行较量，派出了大约200艘个头比对手要大的桨帆战。这些军舰不但装载着军队和军需品，还预备了大量的船帆，以备在敌人败退时追击所用。

双方舰队在完全投入战争后，屋大维采用计谋，避开那些密集的敌舰编队，专门去攻打那些孤立的敌舰，并向安东尼的舰队抛掷燃烧着的火把和炭火罐，终于使对方陷入重围。安东尼失败后，他那些幸存的部队和舰船都向屋大维投降。这次胜利，使

“卡里翁”型风帆战船是一种军民两用船，平时可以载人、装物，搞运输；战时装上火炮，进行海战。西班牙曾拥有127艘“卡里翁”型风帆战船，殖民者利用这些战船，从美洲、非洲、亚洲掠夺了大量的财富。

兵器简史

从古代战舰发展到现在军舰，经历过漫长的年代。由于生产力的发展，技术的进步，使得舰体材料、动力装置、武器装备发生了根本变化。其中舰体材料从木壳到钢铁装甲；动力从人工划桨和风帆动力发展到蒸汽轮机和核动力；武器装备则从冷兵器到火器，终至核武器。

屋大维获得了对整个地中海的控制权，并为他后来征服埃及奠定了必不可少的基础，也使他获得皇权成为凯撒·奥古斯都大帝。

桨帆战船

早期的军舰也称为战船，是在桨帆船基础上发展起来的，所以又称桨帆战船。意大利的“加利”型桨帆战船是世界上著名的桨帆战船。

“加利”型桨帆战船是意大利建造的一种大型桨帆战船，出现于13世纪，它是在古希腊桨帆战船基础上发展起来的一种三层桨帆战船，是中世纪时意大利战船的一种代表类型。

“加利”型桨帆战船船长约38米，船宽3.6—5.5米，吃水1.3米。最初的“加利”型桨帆战船一般只有1层，后来逐渐发展成为2—3层。随着层数的增加，不但划桨手越来越多，战船的宽度也越来越大。另外，“加利”型桨帆战船上用的是三角帆，在船的中部和船首都设置了三角帆桅。为了海战需要，在“加利”型桨帆战船的首部建筑有一个作战平台，称为战斗平台，又称前船楼。在船尾部有一个更高大的船楼，在船楼上配有弓箭手。除此之外，在战船首部有一个三角形尖船首，这个部分主要起到冲角作用，用于冲撞敌战船。

除了“加利”型桨帆战船，西班牙“卡里翁”型风帆战船、北欧的“海盗”战船、英国的“火炮风帆”战船也都是当时著名的桨帆战船。

早期军舰的分类

早期的军舰发展主要有两种路线：一种叫西班牙式，特点是船楼和船艉都比较高，这种军舰特别适合进行接舷战，主要用于大宗的货运的运输。这种船的代表是西班牙运金船，它们还有一个重要的任务是抵抗海盗；另一种叫英国式，其特点是没有船楼结构，而且船艉很低，可是上面安装的火炮却比较多，主要用来进行炮战，据说这种船主要是英国人用来打劫西班牙运金船的。

古代战船

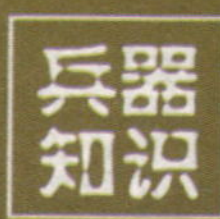

兵器知识 > 萨拉米湾海战是希波战争的一部分
波斯海军由于不熟悉海战而最终失败

萨拉米湾海战

萨拉米湾海战，是希波战争期间波斯海军和希腊联军之间进行的一场战争。这场战争是继马拉松战役、温泉关战役之后具有决定性的一战，堪称希波战争最后、也是最重要的一场大战。从这场海战之后，取得胜利的希腊开始扭转了战局，由被动地防守转为主动进攻，最终把波斯军队赶出了希腊本土，使得希腊从此迈入了历史上的鼎盛时期。

大兵压境

公元前480年的希腊三层桨战船

波斯是一个通过征服而发展起来的大帝国。国王大流士一世统治时，对内实行改革，对外扩张侵略，他曾率军先后两次远征希腊，经过马拉松战役，波斯军大败，只得撤退。大流士一世死后，其子薛西斯一世继续对外扩张，准备再次入侵希腊。

公元前480年，薛西斯一世亲率陆军30万及战舰1000艘再度进兵希腊。雅典面对波斯大军再度压境，全城立即进入备战状态，以地米斯托克利为主帅迎战。这次波斯号称百万大军压境，使得全希腊各城邦均有生死存亡系于一线的感觉。不甘示弱的希腊方面在雅典扩建军港，与斯巴达等三十多个城邦建立反波斯军事同盟，准备抗击波斯军。

公元前480年，薛西斯一世率军向温泉关发起猛攻，最终占领希腊，进入雅典城。波斯海军与他们相呼应，来到雅典的外港比里犹斯，大有踏平希腊之势。

战争过程

面对波斯军队的水陆夹击，希腊的联合舰队只好撤退到雅典城南萨拉米湾，有些城邦的人甚至想撤离海湾。在这危难的时刻，雅典海军统帅地米斯托克利为大家分析了战局。他认为萨拉米海湾非常有利于希腊小型战船作战，而且在本国海湾作战，希腊

在波希战争中，有一种三层桨座战船曾起到重要作用。据说这种战舰有200个桨作为推动力，舰上还装备有铜制的撞锤，可以把敌人的中小型船只撞得粉碎。同时由于其体型庞大而且有一定的高度优势，船上的武装士兵可以从船上直接跳到敌人的战舰上进行肉搏战。

兵器解密

兵器简史

在马拉松大战获胜后，一位名叫斐力庇第斯的士兵跑回雅典报捷，但他因为极速跑了42.196千米，所以在报捷后便倒地身亡。为了纪念这一事件，在1896年举行的现代第一届奥林匹克运动会上，设立了马拉松赛跑这个项目，并把当年斐力庇第斯送信跑的里程——42.193千米作为赛跑的距离。

水军熟悉水情、航路，能充分发挥力量。当地米斯托克利在军事会议上提出自己的战争分析和策略时，众人却听不进去，眼看战机就要失去，地米斯托克利焦急万分。最后，他想出了这样一条妙计：将一封密信交给自己的一个贴身卫士，然后让他去向波斯国王告密，说希腊海军人心浮动，都想逃出海湾。薛西斯果然中计，立即下令严密封锁海湾，这个举措无疑正中地米斯托克利的下怀。

9月23日，当波斯舰队在海湾西口派遣了200艘埃及战舰，海湾东口布置了八百多艘波斯战舰时，希腊舰队在地米斯托克利制订的作战方案的指导下，以船小快速等优势，击沉了200艘波斯战船，同时俘获了多艘战舰。

结果和影响

在萨拉米湾海战中，波斯海军大败，波斯国王薛西斯一世率海军残部仓皇撤到赫勒斯邦海峡。薛西斯除了留下一部分兵力在希腊继续作战外，自己率领其余部队退回到小亚细亚。

波斯军远征失败后，以雅典为首的希腊联军乘胜反攻，直到公元前449年，双方讲和，签订了《卡利亚斯和约》。根据和约，波斯放弃对爱琴海、赫勒斯滂和博斯普鲁斯海峡的控制，承认小亚细亚西岸希腊诸城邦独立。长达四十余年的希波战争至此结束，雅典成为爱琴海地区霸主。

胜利的原因

在萨拉米湾海战中，希腊军队仅有300多艘战船，他们之所以能战胜强大的波斯军队，除政治上的原因外，最重要的是将领地米斯托克利有高超的指挥艺术，善于利用地形地物和武器装备，采取灵活的战术，削弱和限制敌人的优势，捕捉战机实施突击。因为萨拉米海湾港窄、水浅，很适合希腊战船的灵活作战；而波斯战舰大多船体笨重，波斯海军也不熟悉航路，不适合浅海作战。最终，希腊军队以少胜多，将波斯军队赶出希腊。

波斯海军战败后的场景

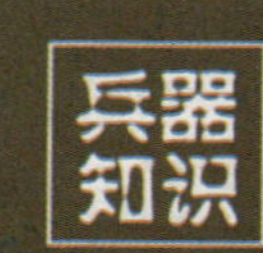

> 赤壁之战是著名的以少胜多的战役
> 孙刘联军用火攻打败了曹操的船队

赤壁之战

三国时期是一个英雄辈出的时代，所以也就为人所津津乐道。通过《三国演义》的渲染，三国的故事更是妇孺皆知。公元 208 年，曹操率军南下，夺取荆州，进而准备攻取江东，实现全国统一，这时却遭到刘备与孙权的联合抵御，双方在长江中游的赤壁进行了一场大战。而在三国的所有故事里面，赤壁之战无疑是一个非常值得关注的大事件。

天下混战

东汉末年爆发了大规模的黄巾起义，统治者虽然成功地对其进行了镇压，但朝廷的力量却被严重削弱。为了镇压义军，朝廷不得不给予地方守牧更多的军事权力，为以后东汉的衰落，军阀割据战争的出现创造了条件。公元 189 年，震惊朝野的董卓之乱爆发，东汉王朝名存实亡。在东汉末年的割据混战中，一代枭雄曹操经过多年的南征北战，基本上统一了中国的北方，再加上他挟天子以令诸侯，大有一统天下之势。其时，南方的刘备、孙权等割据势力迅速发展起来。

在湖北省赤壁矶头临江悬岩有“赤壁”二字，相传为周瑜大败曹军后所刻。

曹军南下

曹操统一北方后，开始训练水兵，准备南征荆州，然后统一全国。在谋士诸葛亮与东吴重臣鲁肃的共同推动下，孙刘两家结成联盟，共同抗曹。

公元 208 年，曹军自江陵(今湖北荆州)顺流而下，水陆并进。孙权与刘备联军抵抗，双方会于赤壁(今湖北蒲圻西北)。当时，曹军拥有 20 万大军，孙刘联军不到 5 万人。但因曹军长途跋涉，疲惫至极，正所谓“强弩之末势不能穿鲁缟”，士气不高。而联军方面，尤其是东吴的水师，一向训练有素，战斗力较强。因这场战争关乎孙刘两家前途，均是背水一战，所以战斗意志相当坚决，这在一定程度上也弥补了军队数量上的劣势。两军在赤壁相遇，一经接战，曹军便告不利，曹操引军退至长江北岸的乌林休整，等待决战。

《三国志》记载，“刘表所置艨艟斗舰数以千计”。这里所说的艨艟，是一种以生牛皮蒙船的小型船只，左右前后有弩窗矛穴，用以冲突敌船。斗舰采用梯级复式结构，水兵可以梯级排列迎敌。黄盖用艨艟舰装载易燃发火物质在夜间袭击曹军，曹军下场可想而知。

火烧赤壁战景

赤壁大战

由于曹军不适应水上作战，曹操便下令将战船“首尾相接”，以求平稳。孙刘联军将领周瑜的部将黄盖在看到这种情况后，便向周瑜进火攻之计。为了使这一项计划得以顺利实施，周瑜使用苦肉计，派黄盖诈降于曹操。没想到轻敌的曹操竟信以为真，便与黄盖约定了投降的时间和信号。

到了约定的那一天，黄盖率领战舰十艘，满载着饱浸油脂的干柴，插上投降的旗号，向曹营出发。当时正值东南风起，顺风而驰的战舰很快便接近了曹营。这时，黄盖突然下令自己的舰队同时点火，然后跳上小船退回。

风助火势，顷刻间，曹军水营便淹没在一片火海之中。不久，又蔓延至岸上的大营，曹军一片混乱，人马被烧死、溺死者不计其数。此时，孙刘联军发起进攻，曹军大溃。曹操率残部向江陵方向撤退，孙刘联军水陆并进，紧追不舍。曹军一路饥病交加，退至江陵，已伤亡过半。眼看大势已去的曹操，只得悻悻地退回了北方。

三分天下

曹操兵败赤壁，除了自身骄傲轻敌，急于求胜外，最主要的原因莫过于曹军不习水战，以己之短，击敌之长，犯了兵家大忌。而孙刘联军却能利用曹军的弱点，发挥自己的优势，一战成功，取得了以弱胜强的胜利。赤壁之战，是形成三国鼎立局面的关键性战役。经过这次战役，曹操力量受挫。孙权保住了江东，刘备占据了荆州四郡，有了立足之地，接着又取得了天府之国的益州，从而形成了三分天下的格局。

兵器简史

赤壁大战前，面对曹操的大军，东吴主降的观点一度占据了上风。后来周瑜在会上分析了曹军的不利条件。孙权听了周瑜的话，立马有了底气，他站起来拔出宝剑，“豁”的一声，把案几砍去了一角，并且严厉地说：“谁要再提投降曹操，就跟这案桌一样。”

兵器知识

白江口海战因史书记载有限而鲜为人知
唐朝和新罗联军大败日本海军

白江口海战

中日之间的第一场战争，是爆发在朝鲜半岛上的白江口海战。这场战争爆发于663年，是中国唐朝、新罗联军与日本、百济联军发生的一次大海战，战争结果以唐、新罗联军的彻底胜利和百济的灭亡而告终。自此次日本失败，直至丰臣秀吉入侵朝鲜，日本再也没有向朝鲜半岛用兵。

消灭百济

朝鲜半岛在公元660年之前有三个鼎立的国家，分别是高句丽、百济和新罗，史称朝鲜三国。唐太宗在位时，曾亲帅大军征战高句丽，却没有取得成功。而这一时期，百济也联合高句丽展开了对新罗的进攻。

唐高宗

唐太宗死后，他的继任者唐高宗刚开始并未对新罗的求救采取实质性的军事措施，而是遵循唐太宗的旧例，赠百济国王玺书，令其退还所夺新罗城池。

660年，百济和高句丽联军再次夺取了新罗的几十座城池，新罗告急。在新罗武烈王之子金仁问的协调下，唐朝与新罗最终达成协议，共同攻打百济。

显庆五年(公元660年)，唐高宗派大将苏定方统水陆军13万出兵百济，以解新罗之危。大军在与新罗武烈王军会师后，共同消灭了百济。

一触即发

百济灭亡后，鬼室福信等人扶植了在倭国做人质的百济王子扶余丰登上王位。日本在百济的乞援下派出了170艘战船，企图在朝鲜半岛扶持亲日政权，向百济政权提供了大量援助。但好景不长，公元663年，刚刚拼凑起来的百济朝廷，因为内部权利划分不均而发生内讧，应百济王子的要求，日本派重兵入朝。日本为了增加在朝鲜半岛南

意大利人菲勒斯著的《中世纪的中国与非洲》上记载："中国大约从公元600年开始，就建造具有五层甲板大吨位的帆船。中国帆船的体积很大，抗风浪的能力很强。"此外，唐朝水军战船的种类也很多，据记载，唐朝水军战船共有楼船、蒙冲、斗舰、走舸、游艇、海鹘6种。

兵器简史

白江口海战后，日本天智天皇深恐唐军进攻本土，自公元664年开始，在国内耗费巨资，在本州西部和九州北部大量增筑烽火台，布置重兵防守修筑了4道防线，此后日本调整对外政策，向唐朝臣服，开始以中国为师，谋求自强。

部的对抗的力量，在发动对新罗军队的进攻后不久，遣往百济的水军也跟着从海路赶来参战。百济王扶余丰听到此消息后，非常高兴，让王子和先前到达的倭军一同守卫周留城，自己则率军亲赴白江口迎接日本水军。

当日本出兵支援百济的消息传到中国后，唐高宗当即派孙仁师率军增援和百济作战的刘仁轨、刘仁愿军。当孙仁师率领的增援军到达后，唐军士气一下子高涨起来。在几位大将的商议下，决定将大唐和新罗的联军兵分两路：由刘仁愿等率军自陆路进发前往周留城，刘仁轨等则率水军从白江口溯江而上，以便水陆同举，夹击周留城。

白江口海战就在这种情况下发生了。

激烈的大战

公元663年9月，刘仁轨所率唐军一百七十余艘战舰准备从白江口逆江而上时，遭遇了已经先期来到江口的日本水军。当时的日本水军虽然在船只数量和士兵人数上占优势，可是船小不利于攻坚，而唐军战舰数量虽然不多，却高大结实。

结果初次交锋，日本海军便败下阵来，伤亡惨重。

骄傲自大的日军将领此时还没有认识到两军之间的巨大差异，仍然认为，只要充分利用他们船多势众的优势全力进攻，就一定能打败唐军。于是，没有讲究任何队形的日本水军一拥而上，朝着已经摆好阵势的唐朝水师发起进攻。

此举正中唐军将领下怀。唐朝舰队呈八字摆开，布下口袋阵，任由日军冲向己方阵地。待日军船队冲进唐军腹地后，唐舰队马上左右合拢，将日战船团团围住。并对困在"布袋"中的日本海军发起猛烈攻击，可想而知，被困在狭窄区域的日本水军，在唐军的攻击下，死伤者和溺水者不计其数。

之后，两国水军进行了几次大战，日本皆以失败而告终。在这场大海战中，唐军一共焚毁日本战船四百多艘，杀敌不计其数。

日本水军惨败消息传至周留城，守城的百济王子率军投降，百济自此彻底灭亡。日本陆军赶忙从周留城及其他地区撤退回本国。

白江口海战之战况

兵器知识

> 英国军舰上配备了命中率高的铜炮弹
> 战后西班牙失去了海上霸王的地位

无敌舰队的覆灭

1588年8月，西班牙与英国在英吉利海峡进行了一场激烈壮观的大海战。这场为了争夺海上霸权的战争，之所以到现在为止都令人瞩目，很大一部分原因在于西班牙无敌舰队在此次海战中的覆灭，而且是被英国海军以少胜多地打败，这个出人意料的结局导致的直接后果就是西班牙实力急剧衰落，海上“霸主”的地位被英国所取代。

战前形势

自哥伦布发现美洲新大陆以后，西班牙殖民者便大批涌到那片大陆掠夺财富。大批财富的到来，使西班牙很快成为欧洲最富有的海上帝国。那时，西班牙建成了一支庞大的帆船舰队——无敌舰队。这支在最盛时期舰船数量达到千余艘的舰队横行于地中海和大西洋，以一种海上霸主的姿态活跃在西方世界中。

与此同时的英国尚处于资本主义萌芽状态，这一时期，拓展海外市场成为英国最迫切的目标。而舰船制造水平和航海技术的革新，在很大程度上刺激了英国夺取殖民地的野心。在女王伊丽莎白一世的支持下，英国殖民者们利用海盗船来打劫西班牙运送珠宝的船队，并多次袭击舰船锚地，抢劫、击沉西班牙的舰船。

英国的崛起严重地触犯了西班牙的海上霸主权威，西班牙无法忍受这种触犯，其国王腓力二世不但多次干涉英国的内政，而且阴谋刺杀英国女王伊丽莎白一世。在这样的形势下，两国之间势必要爆发一场战争。

伊丽莎白坐在撑着华盖的轿椅上，穿过伦敦街道，服侍左右的是盛装的朝臣和宫女。左起第二位蓄白胡须的为霍华德勋爵。

力量悬殊

1588年5月30日，西班牙国王腓力二世派遣梅迪·西多尼亚公爵，统率着无敌舰队，分别从几个港口出发去征服英国。

当时的西班牙海军，可是世界上最强大的海军，它由134艘舰船、三千多门大炮、八千多名水手、两万多名士兵组成。实力强大的西班牙舰队，不但武器先进，战船威力巨大，而且兵力充足，号称为“最幸运的无敌舰队”一点也不为过。

无敌舰队如此强大，对比之下的英国海军力量就显得相当弱小了。当时，英国军队规模不大，只有197艘战舰，整个舰队的作战人员也只有9000人。而且舰上全是船员和水手，没有步兵。这197艘战船，多数还是由海盗小船拼凑而成的，其实力与无敌舰队相比，可谓是力量悬殊。虽然如此，英国方面还是做好了迎击准备。

大战前的小插曲

在西班牙明显占据绝对优势的情况下，西班牙海军司令西多尼亚公爵命令自己的舰队一字排开，耀武扬威地向英国开去。

然而，不幸的是，无敌舰队刚出发不久，就在大西洋上遭遇了风暴。滔天的巨浪使得帆船像一匹匹脱缰的战马般肆意行动起来，船上的水手们也在这种剧烈的晃动下失去了平衡。鉴于恶劣的天气作怪，无敌舰队只好返回到港口来躲避这场风暴。

这种状况一直持续到7月份，西班牙舰队才又踏着大西洋的滔滔巨浪，驶进了英吉利海峡。

大战打响

7月22日清晨，大战终于打响。当时，英军舰队迎着强劲的西南风，抢到了无敌舰队的上风位置，充分发挥自己两舷的火力，重炮猛轰西班牙舰船。在英军炮火的猛烈攻击下，无敌舰队节节败退。到了23日，海上风向发生大逆转，这时的无敌舰队处在东北风上风头，于是他们以多围少，重创了英国最大军舰“凯旋”号。

25日，双方在激战几小时后，弹药基本上消耗殆尽。于是无敌舰队决定改变计划，向加莱前进，而英军舰队也在霍华德的率领下转向多维尔。到第二日黄昏，无敌舰队到达加莱附近的海域，英国舰队也随后赶来，并在敌人长炮射程之内停泊，缺少弹药的西班牙人对此只能望洋兴叹。

1588年，英国军队击败西班牙无敌舰队。

击败"无敌舰队"的英国人德雷克

28日凌晨，霍华德在召开过作战会议之后，决定在舰队中挑选8艘200吨以下的小船，改装成大船，作为火攻无敌舰队使用。

那些经过改装的大船于28日清晨向西班牙船队靠拢，在接近无敌舰队后，发出熊熊火光。此种情形使得无敌舰队的大小船只一片混乱，其中一些船只被英军的大火点燃。西班牙统帅西多尼亚公爵慌忙命令各舰砍断锚索，想等火船过去后，重新占领这个投锚地。但在混乱的形势下，许多船只并没有执行他的这个命令。处于惊慌状态下的西班牙人只顾夺路逃走，结果互相碰撞，甚至自己打了起来，全舰队已经开始溃散。待英军的火船过后，西多尼亚公爵赶紧命令所属各分舰队向加莱集中，但不幸的是，只有少数船只执行了命令，大多数船只由于砍去了两只锚，剩下的一只已经系留不住，只好沿着岸边向东北方向漂流而去。

兵器简史

1587年，英国女王伊丽莎白处死了信奉天主教的苏格兰女王玛丽。此举显然触动了罗马教廷的权威，为此，罗马教皇颁布诏书，号召对英国进行圣战。在这种契机下，西班牙对英宣战，扩编了海上舰队，命名为"最幸运的无敌舰队"，向英国进发。

英军将无敌舰队的这种情况看得一清二楚，霍华德立即下令舰队全速追击，在高速航行中，英国舰队与无敌舰队的距离逐渐缩短。霍华德还让自己的舰队尽量靠近敌人，在保证弹无虚发、全部命中的短距离才开始实施炮击。

英国舰队抓住无敌舰队的弱点，在把握风向的情况下，连续不断地向无敌舰队发射炮弹。经过重创的无敌舰队，在弹药严重匮乏的情况下，只能后退，而没有了任何招架之力。 后来，双方舰队在格南费里尼斯角接火。这场海战一直持续到下午，在风向突然转变的情况下，霍华德及时命令舰队摆脱战斗，无敌舰队才趁此机会退出了英吉利海峡。

在这场进行了一个星期的战斗中，无敌舰队共耗费了十多万发大型炮弹，而英国舰队却无一遭到重创，只是阵亡几十名水手。于此相比，西班牙舰队可谓是损失惨重。

彻底覆灭

1588年8月，交战双方又在加莱东北的海上进行了第二次会战。此时，西班牙的缺点完全暴露了出来，它们虽然看起来高大壮观，但运转却不灵活，虽然人数和吨位占优势，却成为英国战舰集中炮火轰击的明显目标。相较之下，英国战舰就显得轻快多了，它们能够在远距离开炮，又猛又狠地打击无

16世纪的战船，与以前各世纪不同的一个主要因素，便是大量使用重炮。这种火炮能够一炮击毁当时的船只。这种兵器有前膛和后膛两种形式，其中前膛炮包括加农和寇非林，前者发射铁弹，只有中等的射程；后者炮身较长，炮弹较轻，而射程也较远。

兵器解密

敌舰队。这种远距离炮战使西班牙舰队的步兵和重炮不能充分发挥作用。激烈的炮战持续了整整一天，直到双方弹药用尽，轰击才告终止。无敌舰队被打得七零八落，两个分舰队的旗舰中弹、撞伤。

西班牙舰队只能选择全线退却，英国舰队对此采取了猛烈的追打。8月8日，在格拉夫林子午线上，英国舰队以优势兵力发起对五十多艘无敌舰队的攻击。这时，无敌舰队其余七十余艘军舰正在6海里外，未能及时介入战斗。战斗持续到下午6时，才以西班牙舰队受到重创而结束。这一战，无敌舰队被击沉16艘军舰，而英国军舰虽有一些损伤，但无一被击沉。

无敌舰队集中起残余船只，从北面绕过不列颠群岛向西班牙驶去。英国舰队虽取得胜利，但一些军舰受创，加之弹药消耗过大，霍华德命令停止追击。剩下的西班牙军舰乘着风势向北逃窜，准备绕过苏格兰、爱尔兰回国。

可是，屋露偏逢连阴雨，受损的无敌舰队在抵达苏格兰西北岸的拉斯角时，却遭遇了猛烈的大西洋风暴。

这场风暴狂吹了一个月，西班牙战舰上死伤人数不计其数。许多好不容易登上爱尔兰海岸的幸存者，也难逃被杀死或饿死的命运。

1588年10月，仅剩43艘残破船只的无敌舰队返回了西班牙，这样的惨烈状况近乎全军覆没。据说当腓力二世见到自己的无敌舰队时，眼泪都流下来了。

英国的崛起

西班牙无敌舰队的覆灭，使西班牙从此走上了衰退之路。

经此一役，英国不但取代了西班牙的海上霸主地位，还迅速地强大起来。使其本来一个仅有数百万人口的孤岛小国一跃成为世界上头号殖民帝国，并在以后好几个世纪中保持着世界“第一强国”和“海上霸主”的地位。

英军击败西班牙舰队

特拉法加尔海战击碎了拿破仑的梦想
纳尔逊作为一代名将而功垂史册

特拉法加尔海战

特拉法加尔海战是帆船海战史上以少胜多的一场歼灭战，也是19世纪规模最大的一次海战。这次海战使得拿破仑海军遭遇了历史性的大挫败；同时，英国也从拿破仑入侵的威胁中解脱出来，由此踏上了百年海洋霸主的道路。纳尔逊在这场海战中运用灵活机动的战术，使法国和西班牙联合舰队一败涂地。

大战起因

1793年1月，法兰西第一共和国将法王路易十六处死，英国以此为由驱逐法国驻英大使。2月，法国对英国宣战，英国则联合奥地利、普鲁士、那不勒斯和撒丁王国组成反法联盟，双方在陆地和海洋展开了一系列的激战。战争中法国在欧洲大陆赢得了一系列的胜利，但法国海军在几次和英国海军的较量中，均以失败而告终。

1799年11月9日，拿破仑发动军事政变，成立执政府，一手掌握法国的军政大权。拿破仑执掌法国政权后，1800年6月战胜奥地利，俄国、土耳其等国家也接连与法国缔结和约，反法联盟彻底解体，英国为组织新的反法联盟、法国为赢得时间重建海军，两国于是签订了《亚眠和约》暂时休战。

维尔纳夫被迫应战

1803年5月，英法两国战火重燃，拿破仑的目标是避开英国海军，用其精锐的陆军直接登陆进攻英国本土。但由于一系列战略、战术的失误，海军中将维尔纳夫率领的法、西联合舰队被封锁在加的斯港内，拿破仑对海军大为失望，放弃了进攻英国本土的计划，准备向奥地利发起战争。

特拉法加尔海战是近代一场十分著名的海上战斗

➲特拉法加海战中的指挥者——具有传奇色彩的英国海军司令纳尔逊。

1805年，拿破仑战争进入高潮，准备对奥地利发动战役的拿破仑急需法西联合舰队攻击奥地利盟国那不勒斯，以援助他的地面战役。然而，此时由法国海军中将维尔纳夫统帅的法西联合舰队，却被纳尔逊率领的英国舰队封锁在西班牙加的斯港内。维尔纳夫深知自己不是纳尔逊的对手，因而迟迟不敢出发。

当维尔纳夫听到拿破仑将派罗西里来接替他的指挥时，气愤地决定在罗西里到达之前，即先行冲出加的斯港，通过直布罗陀海峡前往地中海，配合拿破仑在意大利的军事行动。

打响海战第一炮

1805年10月19日，维尔纳夫迫于拿破仑的压力，率领由33艘战列舰组成的法西联合舰队驶离加的斯港，进入大西洋。

看到法西联合舰队时，纳尔逊并没有急着发动进攻，而是远远地监视。他想先将敌舰队诱出，再攻歼之。10月21日黎明时分，两支舰队在西班牙特拉法加尔角以西的海面相遇。纳尔逊命令舰队分两支前进，一支由柯林伍德指挥，另一支则由他亲自率领。大约11时，法国战舰“弗高克斯”号向柯林伍德的旗舰“王权”号开炮，特拉法加尔海战就此打响。

此时，法西联合舰队有战列舰33艘，其中1艘为当时最大的四层甲板战列舰“三叉戟”号；3艘为三层甲板战列舰；其余29艘为两层甲板战列舰。此外，还有7艘巡洋舰。所装有“侧舷”火炮2626门，共载官兵2万多人。

英国舰队共有战列舰27艘，其中7艘是三层甲板战列舰，其余20艘为两层甲板战列舰。此外还有4艘巡洋舰和2艘辅助船。合计“侧舷”火炮2148门，官兵1.6万多人。

柯林伍德的攻击

当法国战舰“弗高克斯”号向英国军舰“王权”号开炮时，“王权”号却继续保持航向不变，还切进了“弗高克斯”号和另一艘西班牙舰“圣安拉”号之间，并用炮轰击“圣安拉”号的船尾，使之遭受重创。接着，这艘勇猛的英国军舰又对着“弗高克斯”号发射火炮，此后又驶近“圣安拉”号的右后段向其进行又一次射击。不久，柯林伍德便发现，他们的周围布满了敌船。而经过40分钟猛烈轰击的“王权”号，已经变成了一个无法控制的空船壳，不久就由英国海军所派遣的巡洋舰“欧亚拉斯”号拖曳着行驶了。21日下午2点多时，西班牙战舰“圣安拉”号已经完全丧失了战斗力，舰上死伤者达到三百多人，战败的“圣安拉”号终于下旗投降。

在“王权”号出战8分钟后，英舰“贝里岛”号也从“弗高克斯”号的后面切入敌线。

特拉法加尔海战的英国军舰

和“王权”号一样，它立即被几艘敌舰包围。“贝里岛”号主桅被炸断，但它却把军旗钉到后桅杆上，继续不屈地奋战。

在“贝里岛”号之后，英舰“火星”号也投入了战斗。以后其他每一艘英国军舰都是以这种方式分别地切入敌线，向首尾两端的敌舰用两侧的舷炮猛击，使每艘敌舰都受到了连续的集中火力攻击。等到柯林伍德的最后一艘战列舰“亲王”号投入攻击时，已经是下午3时。到战斗结束时，与柯林伍德交战的共有15艘法西两国军舰，其中10艘被俘，1艘被击沉。逃走的只有4艘，其中有1艘为西班牙旗舰“奥国王子”号，上面载着垂死的西班牙海军将领。

纳尔逊的攻击

在柯林伍德纵队开始作战二十几分钟后，纳尔逊纵队也投入战斗。与前者不同，它始终保持着不规则的鱼贯形队形。纳尔逊亲乘旗舰“胜利”号，率“提米莱尔”号、“海王星”号三层甲板战列舰向联合舰队的前卫中央挺进。中午12点多时，“胜利”号的左舷炮开始射击。交火不久，“胜利”号和“提米莱尔”号即开始向右旋转，纳尔逊是在寻维尔纳夫的旗舰。

后来，当“胜利”号向敌舰“三叉戟”号前进时，却发现了法国总司令的旗舰“布森陶尔”号。“胜利”号冒着敌火，不久即钻到了“布森陶尔”号的后方，用其船头上的短炮和侧舷的火炮，向“布森陶尔”号的舷窗中猛射，使它受到了极大的损毁。当英舰“海王星”号和“征服者”号接近了“布森陶尔”号之后，“胜利”号遂向右一转，与法舰“敬畏”号平靠着。

“胜利”号和“敬畏”号立即纠缠在一起，双方乘员都准备跃上对方甲板，但是法国人的企图被英方的火力所制止，伤亡颇多。差不多又过了一个小时，两舰还是绞在一起，当纳尔逊正在后甲板上与舰长一同行走时，被从“敬畏”号船桅上射来一颗子弹打中，受了重伤的纳尔逊被抬入了船舱。下午4点多时，当纳尔逊得知这场战争己方已经胜利的消息后，说了这样一番临终遗言：“我感到满意，感谢上帝，我总算尽了我的职责。”

当“胜利”号正在与“敬畏”号交战时，英舰“提米莱尔”号驶向前去，向“三叉戟”号开炮，接着又向“敬畏”号射击。不久以后，法舰“弗高克斯”号在同英舰“贝里岛”号交战之后，又转过来协助“敬畏”号，却为英舰“提米莱尔”号所抓住厮杀。英舰“海王星”号先开始向法舰“布森陶尔”号射击，然后再去进攻“三叉戟”号。一个半小时后，“三叉戟”号乘员战死245人，负伤173人，

兵器简史

纳尔逊非凡的胆略和高超的指挥艺术，使他成为一代名将而功垂史册。不但英国人为他而深感自豪，其敌人拿破仑对他也是推崇备至的，当听到纳尔逊的死讯后，拿破仑当即命令每艘法国军舰上都挂上纳尔逊的画像，这一举措是为纪念他，也是以他作为法军学习的榜样。

特拉法加尔海战英国取得巨大胜利，法国海军精锐尽丧，海战中英方死伤1600人，军舰无一艘损失；法西联合舰队则死伤约7000人，被俘虏的也约有7000人，战舰被俘15艘、损毁8艘。

兵器解密

英舰“不列颠”号接着也跟上来了，其后面是“巨人”号和“征服者”号。后述两舰

英舰“不列颠”号接着也跟上来了，其后面是“巨人”号和“征服者”号。后来两舰夹击“布森陶尔”号，下午2时5分，维尔纳夫终于坚持不住，下令“布森陶尔”号降旗投降，维尔纳夫成了英国人的俘虏。

失败的反攻

特拉法加尔海战的最后阶段是联军将领杜马罗尔的反攻。杜马罗尔的支队处于联军舰队的前卫，当下午12时30分，纳尔逊钻入了联军的中心之后，维尔纳夫即发出了一个通令，要所有尚未参加作战的船只，都一律自动地投入战斗。杜马罗尔对维尔纳夫的通令并无反应，此后维尔纳夫即再没有注意他，后来，杜马罗尔仍向北航行。

维尔纳夫直到下午1点多时才命令杜马罗尔赶来支援。但此时的风力非常微弱，转变航向十分困难。等杜马罗尔好不容易调过头来南下时，维尔纳夫已经投降。但杜马罗尔还是做了最后的反击，他把10艘军舰分为两部分先后投入战斗，结果却以失败而告终，他也只能选择逃逸而去。

划时代的转折

特拉法加尔海战是风帆战舰时代最引人注目的海战，它巩固了英国海上霸主的地位。此后不久，随着蒸汽动力战舰的出现，一个新的时代就要到来了。

甲板上胜利的情景

蒸汽动力舰船更容易受到人为控制
螺旋桨最终替代了缺陷明显的明轮

蒸汽军舰

在漫长历史时期内，世界上的各国海军一直都使用木质风帆战船。随着西方资本主义的迅速发展，在19世纪初，蒸汽机技术和金属冶炼技术的长足进步，使得造船工业有了较大的发展，从而促成海军及其舰船开始发生具有深远历史意义的重大变化，而蒸汽军舰也开始具有强大的机动能力和战斗力，成为各国必备的军用装备。

"迪莫洛戈斯"号问世

19世纪初，军舰开始采用蒸汽机，这标志着舰船动力的第一次重大革命，美国著名工程师富尔顿设计出了世界上第一艘以蒸汽机为动力的军舰"迪莫洛戈斯"号。这艘在后来被世人称为"富尔顿一世"号的蒸汽动力舰，有一个长达50米的双壳船体，明轮推进器很明显地安装在船体中部两舷。该舰排水量为2475吨，配置30门32磅火炮，舰舷最厚处达1.5米。

在它下水试航的那一天，美国纽约港内彩旗飘扬，万人空巷，人们都争相一睹这个没有风帆的"水上怪物"，究竟是怎样以5.5节的航速在海上行驶的。不幸的是，由于美国政府当时缺乏足够的资金，"迪莫洛戈斯"号始终没能彻底建造完工。

第一艘明轮蒸汽舰

在风帆战船时代的快速帆船向蒸汽动力装甲舰发展的同时，海军的舰炮也获得重大改进：线膛炮取代了旧式滑膛炮；装甲防护的中央旋转炮塔取代了单一舷侧炮的地位，这样不仅使炮位得到良好的防护，而且增强了炮火的威力，更使舰炮的对舰攻击能力得到成倍的提高。

兵器简史

1816年螺旋桨推进器诞生之后，英国于1844年前后建造了第一艘螺旋桨战舰——“响尾蛇”号，这导致了蒸汽机终于成为军舰主要动力。但在此后相当长的一段时间内，许多国家依然选择在军舰上保留风帆，用这种方式作为辅助动力。

尽管“迪莫洛戈斯”号并没能在海上战场建功立业，但它的问世，毕竟是在世界海军造舰史上开创了舰船动力蒸汽化的一代先河，明确昭示着海军新时代的到来。

军用舰艇的革命

在古老的风帆战船时代，海军舰队指挥官在海战中采取的战术行动，受到风向和海潮的严重制约。当舰船实现了动力的蒸汽化之后，舰队指挥官就可以在海战过程中摆脱对风向和海潮严重依赖，能够根据交战双方各自舰船的全面情况，去选择相应的战术和战斗队形。并且，舰船动力的蒸汽化，还可以保证海军舰队在很长的时间范围航行不再依赖于风向。

明轮的缺陷

早期的蒸汽动力舰存在着一些缺陷，除了它们的航行范围受制于海岸基地的燃料补给保障条件之外，其致命的弱点，则在于这些早期蒸汽动力舰使用的是明轮推进器。

通常置于舰体中部两舷的明轮推进器，有一半以上的部位是位于水线之上，这样就极容易被敌方炮火击毁；另外，当明轮推进器作旋转推进时，其水线以上的部分实际上是在做无用功，这就抑制了舰船蒸汽动力的推进效率。明轮推进器上述两大弱点，无疑使得早期的蒸汽动力战舰难以在各国海军获得普遍而迅速的推广使用。

蒸汽机和螺旋桨的合璧

1836年，瑞士的约翰·埃里克森发明了螺旋桨，并获得专利权。在美国海军舰船工程专家罗伯特·斯托克顿的邀请下，埃里克森携带他的螺旋桨发明专利来到美国。

1843年，世界上第一艘正式采用螺旋桨推进器的蒸汽动力战舰“普林斯顿”号在美国起航。

螺旋桨推进器的优势是明显的，各国海军争先恐后地将它安装在自己的军舰上。1849年，法国建造出采用螺旋桨推进器的蒸汽动力舰“拿破仑”号。一时间，越来越多的国家都将蒸汽机和螺旋桨推进器应用到更大吨位的军舰上，快速帆船逐渐演变成为蒸汽动力螺旋桨推进的快速炮舰。

正在作战的蒸汽军舰

兵器知识

> 日德兰海战使无畏舰的辉煌达到顶峰
> 日德兰海战集结了英德两国海军的精华

日德兰海战

日德兰海战也称斯卡格拉克海战，是第一次世界大战期间规模最大的一次海战。1916 年 5 月 31 日，英德海军在日德兰半岛展开激战。而这次战争之所以影响巨大，很大的一部分原因在于它是海军史上战列舰大编队之间的最后一次决战。这次战争结束后，以战列舰为主力舰的海战史也宣告完结。

战前形式

从 19 世纪初以来，英国一直保持着海上霸主的地位。尽管德国加强了海军力量，但总体实力仍然落后于英国。一战爆发后，英国海军凭借其优势对德国实行海上封锁，使德国的大洋舰队多半时间困在威廉港和不来梅港，成了名副其实的“存在舰队”。

1916 年 1 月，冯·舍尔上任为德国大洋舰队司令。当时，一战已经进行了两年，战争的消耗使德国越来越感到吃力，皇帝威廉二世命令舍尔必须打破英国的海上封锁，确保殖民地的物资运到德国。

壮观的英国舰队

兵器简史

许多资料认为，世界上第一艘航空母舰是英国海军的“柏伽索斯”号，它于 1915 年底正式服役。其实不然，在此以前，至少说是与此同时，英国还有一艘航空母舰正式服役，并参加了著名的日德兰大海战。这艘航空母舰的名字叫做“坎帕尼亚”号。

如出一辙的诱敌计划

为了完成皇帝交给的任务，舍尔制定了一个富有进攻性的大胆计划：派出一支诱敌舰队，引诱英国主力舰队出击，他亲率德国大洋舰队的全部主力秘密跟进，把英国主力舰队引入伏击圈加以围歼。为实现这一计划，舍尔用了 4 个月的时间，派出战列巡洋舰、潜艇和“齐柏林”飞艇，多次袭击英国东海岸，并实施了布雷和侦察行动。

然而，舍尔怎么也没想到，他自以为天衣无缝的作战计划，早就被英国海军截获。

此次战役中，德国战列舰总共发射1904发大口径炮弹，战列巡洋舰共发射1670发大口径炮弹。其中大口径炮弹命中确认120发，平均命中率3.33%；中口径和小口径命中107发，平均命中率1.16%。而英国战列舰总共发射大口径炮弹4598发，平均命中率为2.17%。

舰艇上的英国军队

英国海军主力舰队司令约翰·杰利科海军上将得到德军行动的消息后，连夜制定出一个与舍尔如出一辙的作战计划：贝蒂海军中将在日德兰半岛附近海域，主动向德军示弱后将对方引向舰队主力的方向，然后杰利科本人率领的庞大舰群就会出现在德舰的侧后。

激烈的大海战

1916年5月31日2时，德前卫舰队由亚德湾出航北上，主力舰队随后跟进。当日14时，双方前卫舰队在斯卡格拉克海峡附近海域遭遇。英前卫舰队向东南方向疾进，企图切断德舰退路；德前卫舰队转向回驶，企图将英舰引向德舰队主力。15时，双方呈同向异舷机动态势开始交战。英战列巡洋舰“不倦”号和“玛丽王后”号被击沉，旗舰“狮”号受伤；德舰损失轻微。1小时后，舍尔率公海舰队主力赶到，英前卫舰队北撤，与舰队主力会合。

舍尔在不明英大舰队主力出海的情况下，率德舰队追击英前卫舰队。18时，英前卫舰队摆脱德舰追击，与舰队主力会合。杰利科判明德舰准确位置后，命令舰队主力向德舰开火。经激烈炮战，英舰有四艘舰船先后沉没，并各有数艘舰船受损。20时，双方再次进行炮战，随后德舰队向西撤退。

到黎明时分，双方终于分开，各向自己本土驶去。在这次大决战中，德军被击沉1艘大舰、10艘小舰，死亡两千五百多人；英军则被击沉3艘大舰、11艘小舰，六千多人丧生，但双方主力均在。

影响深远，各有损益

此次战役令威廉二世从海上打破僵局的企图破灭。自此，德国在第一次世界大战中不再以海军与协约国正面交锋，只能以潜水艇击沉舰艇，其后发展至无限制潜艇战。

日德兰海战对英国人来说是一个悲壮的胜利。虽然英国海军在此战中无力摧毁德国海军，但其海上封锁也没有被打破，可以说，全球海洋仍然是英国海军的天下。

在日德兰海战中，英国舰队损失惨重，但是却维护住了自己的制海权。

兵器知识

> 敦刻尔克大撤退被誉为“敦刻尔克奇迹”
> 此次大撤退代号为“发电机”撤退行动

敦刻尔克大撤退

敦刻尔克大撤退是第二次世界大战时，英法联军防线在德国机械化部队快速攻势下崩溃之后，在敦刻尔克这个位于法国东北部靠近比利时边境的港口城市，进行的当时历史上最大规模的军事撤退行动。在德军地空火力猛烈轰击下，英法联军仍撤出了三十三万余人，这一事件也被誉为“敦刻尔克奇迹”。

史上最大战争爆发

第二次世界大战历时6年，席卷世界60多个国家，致使20多亿人遭受战争带来的灾难。这次战争是至今为止，人类社会所进行规模最大、伤亡最惨重、破坏性最大的全球性战争，严重影响了人类社会的方方面面。1939年9月1日，德国以优势兵力对波兰发动闪电式进攻，迅速突破波军防线。由此，第二次世界大战爆发。纳粹德国在占领波兰之后，就对西欧虎视眈眈，并开始策划进攻西欧诸国的作战计划。10月9日，希特勒下达了进攻西欧的第六号指令，德国陆军总司令部随即开始制定代号为“黄色方案”的进攻计划。

德军飞机轮番攻击轰炸

在随后的几个月里，德军一路狂飙陆续占领了丹麦、挪威、荷兰、比利时。

被困敦刻尔克

“二战”爆发后，英国和法国被迫对德国宣战。德军连战连捷，并于1940年5月20日进抵英吉利海峡，英法联军以及其他盟国的军队被逼到了法国的敦刻尔克港，三十多万将士的生命岌岌可危，唯一的生路就是从海上撤往英国。

眼看在法国的英国远征军有被切断退路的危险，英国战时内阁首相的丘吉尔于5月20日晨召开战时内阁会议，决定集结大量船只，随时准备接应部队回国。英国政府和海军发动大批船员，动员人民起来营救军队。他们的计划代号为“发电机行动”。

5月22日，英军2个步兵师和1个坦克旅在阿腊斯地区对德军进行了反击，这次出其不意的反击重创了快速推进之中的德军。5月24日，希特勒下令装甲部队停止追击。

英军步兵在敦刻尔克海岸找寻掩护

这就给了英国一个千载难逢的喘息之机，使其组织海上撤退成为可能。

艰难的撤退之路

1940年5月26日，英国海军部下令开始执行“发电机行动”，但原来准备使用的法国三个港口只有敦刻尔克可以利用，布伦和加莱分别于23日和27日被德军占领。当晚，在海军努力下，首批1312人，主要是后勤部队，顺利离开敦刻尔克回到英国。

27日，德国不断从陆上、海上和空中加强对敦刻尔克及海峡的袭击。成群的德军飞机在英吉利海峡上空飞来飞去，把炸弹倾泻在毫无掩蔽的海滩上，投在盟军满载撤退官兵的舰船上，盟军撤退的艰难可想而知。英国空军从本土起飞200架次战斗机竭尽全力掩护海滩上的登船点和执行运输任务的船只，尽管英机没有能阻止德机对敦刻尔克的空袭，但却给德机以沉重打击，仅德军第2航空队就被击落23架，空勤人员死64人，伤7人，损失超过最近10天的总和。除此之外，英国海军也全力以赴，抽调1艘巡洋舰、8艘驱逐舰和26艘其他舰艇前来。这天，盟军只撤出了七千多人。

28日上午，敦刻尔克地区大雾弥漫，英军迅速利用这一时机，抓紧组织撤退。这一天，有17804人撤离，这个战果比起前一天来，可谓有了极大的进步。与此同时，赶来支援的民船也开始陆续到达，发挥作用。

到了29日，英军在吸取前几天经验的基础上，采取很多措施来加快登船速度。当天下午，由于天气转晴，德国空军便开始以大型船只为目标进行集中攻击，这次袭击共击沉了盟军3艘驱逐舰和包括5艘大型渡船在内的21艘船只，还重创了7艘驱逐舰。

5月30日，是个大雾笼罩的日子。弥

在法国敦刻尔克被德军围困的英国军队

法国敦刻尔克海岸，涉水前往救援船舰的英国士兵。

漫在海岸上的浓雾使德国的轰炸机无法前来攻击撤退队伍，而此时的英吉利海峡却一反常态的风平浪静。在这种情形下，英国动员的大批小型船只，甚至不少的内河船只都能够出海，去往敦刻尔克接运撤退的官兵。这一天，盟军共撤出五万多人，其中近一半是法军。

5月31日，尽管这一天仍然有大雾笼罩和德国空军的轰炸，英军还是尽最大努力向敦刻尔克派出了战斗机与德国空军抗衡。

6月1日，天气转晴，德国空军全力出动，英国空军针锋相对，几乎倾囊而出，派出了所有能够派出的飞机，但德军战斗机出色地阻截了英机，有效地掩护轰炸机的攻击。而那些坚守在阵地上的部队，则在坚持战斗，一些奉命后撤登船的部队也一边还击一边后撤，一直战斗到登船那一时刻。

6月2日，由于德军飞机的巨大威胁，英军只好被迫地停止了白天的行动，仅仅利用夜间组织撤退。

6月3日晚上，最后一批英军登上了驱逐舰撤回英国。当晚撤至英国盟军部队中，绝大部分是法军。

6月4日，德军第18集团军所属的装甲部队冲入了敦刻尔克市区，海滩上的后卫部队，约有4万法军来不及撤离，全数被俘。当天还有数万名法军官兵撤离敦刻尔克，满载法军的英军“布卡里”号驱逐舰是最后一艘撤离敦刻尔克的船只。

盟军缔造的奇迹

敦刻尔克大撤退，从5月26日至6月4日历时九天，实际上是5月26日、6月2日和3日共三个晚上，5月27日至6月1日共五个全天，总共有338226人撤回英国，其中英军约21.5万人，法军约9万人，比利时军约3.3万人。英国、法国、比利时和荷兰同时动用各种舰船861艘，其中包括渔船、客

被德国俘虏的英法联军士兵

敦刻尔克大撤退中，英法联军重装备全部丢弃，撤回英国本地后，联军只剩步枪和数百挺机枪。在敦刻尔克海滩上，联军共丢弃了1200门大炮、750门高射炮、500门反坦克炮、6.3万辆汽车、7.5万辆摩托车、700辆坦克、2.1万挺机枪、6400支反坦克枪以及50万吨军需物资。

兵器简史

在法国北部诺尔省濒临多佛尔海峡，有一座名叫敦刻尔克的海港城市。公元4世纪初，这里还是一个坐落在沙滩上的小渔村。7世纪时，有位传教士在此建立了圣埃卢瓦教堂，敦刻尔克名字的来历就是比利时的佛兰芒语“沙滩”和“教堂”构成。1067年，这里发展成为一个小市镇，正式命名为敦刻尔克。

轮、游艇和救生艇等小型船只。短短10天时间，这支前所未有的“敦刻尔克舰队”把将近34万大军从死亡陷阱中拯救出来，为盟军日后的反攻保存了大量的有生力量，创造了“二战”史上的一个奇迹。

损失惨重

在敦刻尔克大撤退中，英法联军有4万余人被俘，还有2.8万余人死伤。在撤退过程中，共出动861艘各型船，有226艘英国船和17艘法国船被德军炮火击沉。英国空军在掩护撤退过程中总共出动2739架次，损失飞机177架。

尽管损失巨大，但却有33.8万多人从敦刻尔克成功撤退，这为盟军保留下一批经过战争考验的官兵，为日后的反攻保存了大量的有生力量，创造了第二次世界大战中的一个奇迹。

奇迹产生的原因

敦刻尔克大撤退堪称世界军事史上的一大奇迹，而这个奇迹的出现也不是无缘无故的。有专家分析，除了盟军政府和人民的强力支持外，“敦刻尔克奇迹”产生原因主要还有：英国空军竭尽所能，给予来袭德机以沉重打击；后卫部队英勇抗击着德军的进攻，特别是殿后的后卫部队法军第1集团军，拼死战斗，掩护主力撤退；等待撤退的部队官兵，保持了严格的组织纪律，使整个撤退过程非常顺利。撤退时，敦刻尔克地区以阴雨天为主，减少了德国空军轰炸的次数。另外，风平浪静的海面以及松软的沙滩也使部队得以顺利撤退和减少伤亡。

敦克尔克大撤退

兵器知识

情报泄露是日本失败的主要原因之一
中途岛海战使日本失去三艘航空母舰

中途岛海战

中途岛海战，是美国海军以少胜多的一个著名战例。在这场海战中，美国海军不仅成功地击退了日本海军对中途岛环礁的攻击，还得到了太平洋战区的主动权，因此该战役成为“二战”太平洋战区的重要转折点。除此之外，这场战争还改变了太平洋地区日美航空母舰的实力对比，结束了日本的长期攻势，恢复了太平洋海军力量的均衡。

中途岛作战计划

1941年12月7日，日本偷袭珍珠港成功以后，暂时掌握了太平洋上的制海权和制空权。到1942年5月，日本相继占领了东南亚和西太平洋上的许多国家和战略要地，英、荷、法、美等国在这一地区的岛屿和殖民地几乎全部落入日本手中。

日本偷袭珍珠港虽然获得了重大胜利，但美国的航空母舰当时不在港内，所以一艘也没有受到损失。珍珠港事件将美国也卷入了这场战争，遭受到巨大损失的美国于是在1942年4月18日，派遣16架B25轰炸机空袭了东京、横滨等日本重要城市，这次空袭，震动了日本朝野。

中途岛海战前夕，美国“约克城”号在港口停泊。

美军开赴中途岛战役的航空母舰战斗群

为报美国空军空袭日本之仇，同时也为了打开夏威夷群岛的大门，日本大将山本五十六一面再三地向天皇请罪，一面制定中途岛作战计划——进军中途岛，摧毁美国的航空母舰舰队。

要实现这一计划，首先就要拿下位于夏威夷群岛东北方的美国重要的航空基地——中途岛，把它作为日军的作战基地。中途岛位于太平洋中部，是北美和亚洲之间的海上和空中交通要道。该岛屿1867年被美国占领后，成为美国的重要海军基地及夏威夷群岛的西北屏障。

4月28日，日本大将山本五十六在其旗舰“大和”号巨型战列舰上召开海军高级将领会议，确定了进攻中途岛的具体作战计划：先派遣一支舰队进攻阿留申群岛，在该群岛的阿图岛、基斯卡岛登陆，以此为诱饵，将美军舰队的注意力引到北面去，然后以主力舰队趁机夺占中途岛。作战日期初步定在6月初。5月5日，日本海军军令部发布了《大本营海军部第18号命令》，正式批准中途岛作战计划，并被命名为“米号作战”。

机密泄露

其实，早在日军部署自己的作战计划之前，美军就已经破解了日军传递作战信息的电报密码，提前获悉了日军的作战计划，只是不知道在截获的信息提到的“AF方位”目标是哪里。一些美军的高层将领认为“AF方位”便是中途岛，另外一些则认为是阿留申群岛。然而任凭美军的解码科技多么先进，还是无法破解“AF方位”的正确位置。

中途岛海战中，日军海上力量遭受到毁灭性的重创，从此一蹶不振。

正当美军高层在为这个问题大伤脑筋之时，一名年轻军官却想到了一个能够确认“AF方位”是不是中途岛的妙计。他要求中途岛海军基地的司令官以无线电向珍珠港求救，说中途岛上的食水供应站出现了问题，导致整个中途岛面临缺水的危机。不久，美国海军情报局便截夺到一则信息，内容果然提到了“AF方位”出现了缺水问题。结果“AF方位”便证实为中途岛，也就是日本海军的下一个攻击目标。至此，日军的作战计划都被美军洞悉。

由于洞悉了日本方面的计划，美国海军指挥官尼米兹将计就计，决定对阿留申群岛不采取任何行动，而将3艘航空母舰及8艘巡洋舰派往中途岛。

中途岛海战中日本重型巡洋舰“三隈”号被美军轰炸机击中起火

珊瑚海战斗

正当山本谋划此次行动时，1942年5月7日，珊瑚海战斗爆发，这是人类历史上航空母舰的首次大规模交锋。日本舰队在进攻莫尔兹比（新几内亚首都）港口时，遭遇了弗兰克·弗莱彻少将率领的两艘美国航空母舰“约克城”号和“列克星顿”号，这两艘航母由7艘巡洋舰护卫。经此一役，美国海军以失去“列克星顿”号航空母舰的代价，击沉了日本航空母舰“祥凤”号，并重创了另一艘航母“翔鹤”号。珊瑚海战斗对于阻止日本入侵澳大利亚起到了决定性作用，但也增强了山本五十六征服中途岛的决心。

大战打响

1942年6月3日，日军侵略阿留申群岛，6月3日下午，日军机动编队以24节航速直扑中途岛。6月4日凌晨，日军机动编队逼近中途岛。从航空母舰上起飞的飞机在抵达中途岛后，即对其进行了轰炸。美国

中途岛海战中，日本“赤诚”号航母被美军“约克城”号航母舰载机轰炸时的情景。

兵器简史

山本五十六将作战舰队依据作战任务编为5支编队：其中包括主力编队、航空母舰第1机动编队、占领中途岛编队、北方编队和前进掩护编队。其中由南云忠一指挥的航空母舰第1机动编队是这次中途岛之战的主力。除此而外，还有以南洋诸岛为基地的214架岸基飞机担负空中侦察和掩护。

方面由于得知了日本的作战计划，所以其航空部队也迅速做出反应，对日军发起攻击。

考虑到自己还有足够的时间对中途岛发起第二次进攻，海军中将南云忠一命令他的后备飞机重整装备，而返回的第一批飞机则在一个不合时宜的时刻加油——正是美国第一批进攻飞机到达的时候。在空中交战中，3个美国鱼雷轰炸机中队徒劳地冲向日本航空母舰，41架飞机从航空母舰上钻过，只有7架得以生还。当日本特混舰队在高射炮的浓烟下迂回行进，“零”式战斗机一架接一架地击落美国飞机时，美国海军的俯冲式轰炸机和与之相伴的“野猫”轰炸机轻而易举地渗透到了“海鹰”作战飞机巡逻的薄弱环节，向南云忠一的舰队发起进攻。在10分钟内，3艘日本航空母舰变成了几堆熊熊燃烧的废铁，救不得也捞不得。

而得以幸存下来的第四艘航空母舰“飞龙”号，于同一天发起了报复性打击，再次重创了“约克城”号航空母舰，三天后，“约克城”号终于沉没。6月4日下午晚些时候，更多的美国侦察轰炸机发现了“飞龙”号航空母舰，并重创了它，第二天，“飞龙”号航空母舰沉没，结束了日本航空母舰部队的扫荡。在追击的三天时间里，美国海军飞行员击沉了一艘巡洋舰，击伤了另一艘巡洋舰。

中途岛海战以日本惨败宣告结束。

“飞龙”号航空母舰于1939年7月完工。这艘航母在太平洋战役中参与偷袭珍珠港作战，1942年6月被美国轰炸机群摧毁，沉没于太平洋。武器装备包括：双联装127毫米口径高平两用炮6座，三联装25毫米口径高射炮7座，双联25毫米口径高射炮5座。

扭转局势

在这次海战中，日本投入了6艘航母和95艘其他战舰，航母上有272架飞机；美国投入了3艘航母和41艘其他战舰，共有233架舰载机。中途岛海战美军只损失1艘航空母舰、1艘驱逐舰和147架飞机，阵亡307人；而日本却损失了4艘大型航空母舰、1艘巡洋舰和绝大部分飞机，还有几百名经验丰富的飞行员和3700名舰员。

中途岛海战改变了太平洋地区日美航空母舰实力对比。日军仅剩大型航空母舰2艘、轻型航空母舰4艘。从此以后，日本失去了在西太平洋的制空和制海权，战局出现有利于盟军的转折。在这一次战役中，海军航空兵显示了强大的战斗力，航母的作用也终于被人们认可。

失败之因

美国海军提前发觉日本海军的计划，是日本海军失利的最主要原因之一。除此以外，日军的失败还在于：坚持以战列舰作为海战的决定性力量，而把航空母舰当做辅助的力量使用，忽略了航空兵的作用；同时在两个战役方向作战，兵力过于分散；情况判断错误，认为美国航空母舰来不及向战区集结；通信技术落后，缺乏周密的海上侦察；战场指挥不当，战术决策不定等。

中途岛海战，是第二次世界大战期间日本和美国之间进行的一场大海战。

兵器知识

> 诺曼底战役一共持续了两个多月
> 巴顿将军曾在战役前进行演说

诺曼底登陆 >>>

诺曼底登陆也称为诺曼底战役，是第二次世界大战中的一场大规模战争，也是目前为止世界上最大的一次海上登陆作战——大批盟军士兵从英国数个港口渡过了英吉利海峡前往法国诺曼底。诺曼底登陆的胜利，宣告了盟军在欧洲大陆第二战场的开辟，同时也意味着纳粹德国陷入腹背受敌的困境，即将走向末日。

开辟第二战场

自1941年德国入侵前苏联后，前苏联便一直单独地在广大的欧洲大陆上与德军作战，斯大林就向丘吉尔提出在欧洲开辟第二战场对纳粹德国实施战略夹击的要求，但当时美国尚未参战，英国根本无力组织这样大规模的战略登陆作战。

诺曼底登陆前的盟军小合照

1942年6月，苏美和苏英发表联合公报，达成在欧洲开辟第二战场的共识。而7月份召开的英美伦敦会议决定，1942年秋在北非登陆，而把在欧洲开辟第二战场推迟到了1943年上半年。此时苏德战场形势非常严峻，德军已进至斯大林格勒，前苏联强烈要求英美在欧洲发动登陆作战，以牵制德军减轻苏军压力。英国只好仓促派出由6018人组成的突击部队在法国第厄普登陆，结果遭到惨败，伤亡5810人。

1943年1月，英美卡萨布兰卡会议，通过上半年在西西里岛登陆的决定。把在欧洲大陆的登陆推迟到1943年8月。在这次会议上，英国借第厄普的失败，坚持要求推迟欧洲大陆的登陆作战计划。

英国的这一举措遭到了美国的反对。直到1943年5月，英美华盛顿会议，才决定于1944年5月在欧洲大陆实施登陆，开辟第二战场，为最终击败德国创造条件。盟军

美军第1步兵师登陆奥马哈海滩

在制定登陆计划时，最终确定了登陆地点为法国的诺曼底，并于1943年6月26日起制定具体计划。

集结队伍

为实施这一大规模的战役，盟军共集结了多达288万人的部队。陆军共36个师，其中23个步兵师，10个装甲师，3个空降师，约153万人。海军投入作战的军舰约5300艘，其中战斗舰只包括13艘战列舰，47艘巡洋舰，134艘驱逐舰在内约1200艘，登陆舰艇4126艘，还有五千余艘运输船。空军作战飞机13700架，其中轰炸机5800架，战斗机4900架，运输机滑翔机3000架。为此，盟军的空袭，由轰炸德国的工业区转变成轰炸德国的交通线。

而德国为抗击盟军的登陆，早就开始构筑沿海永久性防御工事——大西洋壁垒。

修改计划

1943年8月，英美魁北克会议批准了登陆作战的“霸王”计划。1943年11月，英美苏三国在德黑兰会议上确定，将于1944年5月发动“霸王”行动。

1943年12月，美国陆军上将艾森豪威尔被任命为欧洲同盟国远征军最高司令，于1944年1月抵达伦敦就任。艾森豪威尔阅读了作战计划后，还提出了修改意见，除了把登陆正面扩大到80千米，还将第一梯队由3个师增加到5个师、登陆滩头也从3个增加到5个、空降兵从2个旅增加到3个师，艾森豪威尔的这些意见，最终得到了最高司令部三军司令的支持。

1944年2月，英美联合参谋长委员会批准了“霸王”计划大纲和修改后的作战计划，但是随之对登陆舰艇的需求也增加了，为了确保拥有足够的登陆舰艇，英美联合参谋长委员会决定将诺曼底登陆日期推迟到当年的6月初，并且将原定同时在法国南部的登陆推迟到8月。

抢占诺曼底

诺曼底地处法国巴黎与海滨之间，交通便利，地理位置十分重要。1944年6月6日

盟军诺曼底登陆

凌晨，美国和英国的三千多架飞机分别从20个机场起飞，载着3个伞兵空降师向南迅速飞去，准备在诺曼底海岸后边的重要海滩登陆。诺曼底海滩从东到西共有5个滩头，它们分别是剑滩、朱诺滩、金滩、奥马哈滩和犹他滩，全长约80千米。

当美国和英国将3个伞兵空降师投放在整个诺曼底后，德军顿时陷入一片混乱，这一措施有效地配合了盟军的海上登陆。与此同时，盟军各种飞机轮番轰炸着德军的海岸目标和内陆炮兵阵地。

黎明时分，英国皇家空军一千一百多架飞机对事先选定的德军海岸的10个堡垒，投下了将近6000吨炸弹。美军第八航空队一千多架轰炸机又对德军海岸防御工事投下了一千七百多吨炸弹。

太阳升起后，盟军的海军战舰开始猛轰沿海敌军阵地。那些负责进攻的部队由运输舰送到离海岸几千米的海面处，然后改乘大小登陆艇，按时到达预定攻击的滩头。

美军第四师在诺曼底犹他滩头阵地顺利登陆，但在奥马哈滩的第七军第一师的运气就没有那么好了。他们不但遭遇了大浪和浓雾的侵袭，还受到了硝烟和气流的冲击。恶劣的环境本来就将这支部队折腾得精疲力尽，但是更糟糕的事情还在后面——这支疲惫之师在登陆时又遭到敌军炮火的袭击。一时间，死伤者无数，状况惨烈不已。

在这危急关头，海上驱逐舰冒着巨大危险，向德军炮群和火力点进行近距离的轰击，才迫使工事里的德军投降。而同样在抢占阵地的美军第一师，在经过一轮轮的艰苦血战后，终于占领了一条纵深约3000米的滩头阵地。

7点以后，由蒙哥马利指挥的英国第二集团军也登上海岸。及至黄昏，他们进入了内地，后续部队和装备也在这时源源不断地运送到了岸上。

德军的失误

英美联军抢占诺曼底的消息，直到当天下午才传到希特勒的耳中。而希特勒却错误地估计了战争形式，拒绝了几个德军将领提出的急调两个精锐坦克师去诺曼底的要求。到了下午3点，当前线报告说，盟军已有大批部队登陆，并深入陆地几千米时。希

兵器简史

盟军实施诺曼底登陆计划时，成功运用了双重特工、电子干扰以及在英国东南部地区伪装部队及船只的集结等一系列措施，还让巴顿将军在英国进行战前演说，再加上严格的保密措施，使德军统帅部在很长时间里对盟军登陆地点、时间都作出了错误判断。

诺曼底登陆的英美海军编为两个特种混合舰队：其中西部舰队主要由美国军舰组成，共3艘战列舰，10艘巡洋舰，30艘驱逐舰，280艘其他军舰，1700多艘登陆舰艇。东部舰队主要由英国军舰组成，共3艘战列舰，13艘巡洋舰，30艘驱逐舰，302艘其它军舰，2426艘登陆舰艇。

特勒才如梦初醒，慌忙批准派出装甲师支援诺曼底。

其实，德国在这次战役中失败的原因是多方面的，没有及时派出增援部队只是其中很重要的一点。首先，因为当时德国的兵力受到多方牵制，而处于分散状态，驻守在诺曼底的德军只占其总兵力的2%左右。虽然德军在盟军登陆后陆续由各地调集了21个师进行增援，但由于对方空军的空中封锁，这些援兵很难投入作战，无法组织起有力的反击。

其次，德军在战术上指挥不统一，战役司令无权指挥海军和空军，也就无法组织起有效的三军协同抗登陆战，因而错过了最佳的反击时机。

第三，德军的海空力量过于薄弱也是其失败的原因之一。作为抗登陆的重要力量，德军能用于诺曼底的航空兵力数量少得可怜，不过区区400架的飞机却要迎战盟军的13000架飞机，

大型水面舰艇也所剩无几，只能以潜艇和小型舰艇进行抗登陆。尽管德国海空军竭尽全力，但因为实力相差悬殊，所起的作用微乎其微。

德军的种种失误致使他们无法扭转战局。至1944年6月12日，盟军在诺曼底的几个滩头已经联成一条阵线，后续部队源源而来，军需物资不断增加，为成功登陆诺曼底提供了保障。

结果和影响

1944年8月19日，盟军占领了塞纳河西岸的芒特。这一天，巴黎人民举行武装起义，解放了自己的首都。8月25日，艾森豪威尔指挥的法国第二装甲师从巴黎南门和西门进入市中心，宣告结束诺曼底战役。诺曼底登陆的胜利，意味着纳粹德国陷入两面作战，减轻了苏军的压力，协同苏军有利地攻克柏林，迫使法西斯德国提前无条件投降，以便美军把主力投入太平洋对日本全力作战，加快了第二次世界大战的结束。

奥马哈海滩的增援部队，男士兵正在把设备搬到内陆地区。

军舰家族

军用舰艇就是配有一定数量的人员、武器或专用装备，主要活动于水面上或水中，具有作战或勤务保障活动性能的军用船只。按基本使命的不同，军舰又分为战斗舰艇、登陆作战舰艇和勤务舰船三类。军用舰艇是海军的主要装备，用于海上机动作战、进行战略突击、保护己方并破坏敌方的海上交通线、进行封锁和反封锁、支援登陆和反登陆等战斗行动。

> 二战中，多数战列舰都装备雷达
> 战列舰在过去曾经一度被称为主力舰

战列舰 >>>

战列舰又称主力舰、战斗舰，是一种大型水面军舰。它以大口径舰炮为主要武器，具有很强的装甲防护能力，能够远洋作战。在海战中，通常列成单纵队战列线进行炮战，因此得名“战列舰”。战列舰曾经在历史上主宰海洋达200年之久，直到二战后，这种霸主地位才被航空母舰和潜艇所取代。

木质风帆时代

战列舰的名称是随着1655—1667年英国与荷兰的战争中海军战术的改变而出现的。当时交战双方的舰队在海战中各自排成单列纵队的战列线，进行同向异舷或异向同舷的舷侧方向火炮对射。凡是其规模足够大，可以参加此种战斗的舰船均被称作战列舰。而这时的战列舰都是木制的帆船。1638年建成的英舰“海上君王”号便是这种战舰的第一艘，它共有3层舷炮甲板，102门火炮。

此时的战列舰基本上全为木材建造，有时会在水线以下包裹铜皮。它们以风帆为动力，用前膛火炮做武器，还会发射用于摧毁船体的圆形弹丸、杀伤人员的霰弹以及破坏帆具的链弹。

早期发展历程

19世纪中期以后，随着蒸汽机的发明，法国建造了世界上第一艘以蒸汽机为主动力装置的战列舰“拿破仑”号。1859年，法国建造了排水量5630吨的“光荣”号战列舰。1860年，英国建造了排水量9137吨的“勇士”号战列舰。这两艘军舰外面包覆铁质装甲，被视作世界上最初的两艘蒸汽装甲舰。

1852年，在土伦的法国海军“拿破仑”号90门炮战列舰，这是第一艘有蒸汽动力的战列舰。

1862年，第一艘装有旋转炮塔的战列舰“阿尔贝王子”号在法国建造而成。而随之出现的是建成于1873年的法国“蹂躏”号战列舰，该舰已废除使用风帆的传统，成为世界海军史上第一艘纯蒸汽动力战列舰。

到19世纪70年代，世界各海军强国的

蒸汽装甲战列舰已达到较高的水平。蒸汽机不仅为军舰提供了推进动力，而且蒸汽还被人们用来操纵舵系统、锚泊系统、转动装甲炮塔系统、装填弹药、抽水及升降舰载小艇等。大型蒸汽装甲战列舰的排水量也达到8000—9000吨。这时的战列舰，一般都会在主甲板的中央轴线上或者舰体两侧装配了能做360度全向旋转的装甲炮塔，舰炮也都普遍采用了螺旋膛线，攻击力进一步增强。

“无畏”舰的历程

1892年，英国人建造出世界上第一艘钢质战列舰“君主”号，该舰一时成为各国战列舰设计的样板。它采用4门双联装主炮，以前后各配置一个炮塔的方式安装在舰身纵轴线上，加强了副炮群的数量及射角分配，能将所有火力集中于侧舷。此后，舰炮威力、装甲防护力、航速和排水量等，成为各国公认的建造战列舰的四大要素。英国、法国、德国、美国、日本、意大利、俄国、奥匈帝国、奥斯曼帝国等国的海军纷纷地建造或进口大批战列舰。战列舰已经成为海军强国实力的象征。

1906年，一种全新的战列舰出现了。无畏舰的名字来源于英国海军的“无畏”号战列舰，它采用了统一型号的重型火炮，以及高功率的蒸汽轮机。“无畏”号战列舰的下水，加快了各国海军的竞争。

随着战列舰的主炮口径的增加和火炮有效射程不断增大，人们还将“无畏”战列舰的主炮炮塔都布置在舰体水平纵向中轴线上，排水量增加到25000吨以上，这种被改造的战列舰通常被称为“超级无畏舰”。英国的猎户座级战列舰、德国的巴伐利亚级战列舰、美国的内华达级战列舰、日本的扶桑级战列舰都是典型的超级无畏舰。

1916年，英德两国爆发了日德兰海战。根据这次海战的教训，主要的海军国家改进了无畏舰的设计。主要改进措施包括：增大主炮口径，改进炮塔、火药库等部位的防护，采取重点防护措施，加厚重要部位的装甲，减少或取消非重要部位的装甲；重视水平防护、以及水线以下对鱼雷的防护。这种无畏型战列舰通常被称为“后日德兰型战列舰”。

英国的“无畏”号是全球第一艘无畏舰

被约束的年代

在第一次世界大战期间，各国海军强国都设计了规模和火力更强大的战列舰。由于战列舰的建造和维护费用极其高昂，这种耗费高昂的军备竞赛在战后显然不再需要坚持。

鉴于此种情况，1922年的华盛顿会议期间，美国、英国、日本、法国和意大利五个海军强国签订了《限制海军军备条约》(《华盛顿海军条约》)。该条约限制了战列舰的吨位和主炮口径，并规定美、英、日、法、意五国海军的主力舰的吨位比例。1930年，五国又签订了作为补充规定的《限制和削减海军军备条约》(《伦敦海军条约》)。

这两次条约的签订，使得世界进入到被称为"海军假日"的时代。从1922—1936年的15年间，各国的大型战列舰建造计划都被终止或取消，代之以对已有的战列舰的进行更新和改造。当时世界上最先进的战列舰共有7艘，分别是美国的"科罗拉多级"("科罗拉多"号、"西弗吉尼亚"号、"马里兰"号)、日本的长门级("长门"号、"陆奥"号)和英国的纳尔逊级("纳尔逊"号、"罗德尼"号)，这七艘战列舰被人们称为"七巨头"。

大显身手

1936年12月31日，《华盛顿海军条约》期满作废，各海军强国重新开始战列舰的建造工作。英国、美国、意大利、法国、日本和德国等国家均开始了战列舰的改进工作。与历史上的战列舰相比，这一时期出现战列舰的火力、防御力和速度都达到了一个相当高的高度。

这一时期，由于航空母舰和潜艇成为海军作战的主要舰种，战列舰在第二次世界大战中逐渐沦为次等的海军主力舰。

在大西洋战场，英国海军围绕德国的"俾斯麦"号战列舰和"提尔皮茨"号战列舰展开了大规模的围剿行动。其余的时间里，盟国的战列舰主要从事护航任务。在诺曼底登陆战役中，英国和美国的旧战列舰曾经担任炮轰岸上目标的任务。

在太平洋战场，美国海军的8艘旧式战列舰大多在珍珠港事件中受到损失，其中打捞起来的6艘在本国修理后，担负起支援两栖作战轰击岸上目标的任务。而新建造的高速战列舰则担任航空母舰特混编队的舰队警戒任务，在1944年马里亚纳海战中这种部署首次发挥了重要作用。美国的战列舰队在1944年莱特湾海战的苏里高海峡夜战中，与日本战列舰队展开了历史上最后一次战列舰炮战，击沉了日本海军两艘扶桑级战列舰。

美国战列舰和日本战列舰并排在一起

兵器简史

"俾斯麦"号战列舰是二战中德国最先进、吨位最大的战列舰。这艘战列舰的建成和服役，在世界海军界引起极大反响。尽管从开始服役到被击沉只有短短的几个月时间，但作为第二次世界大战中性能最优越的战列舰，"俾斯麦"号对整个战列舰的发展起到了重要的作用。

“衣阿华”战列舰上的大炮威力是惊人的。它发射的穿甲弹重1225千克，能穿透9米厚的混凝土工事，炸开的弹坑有半个足球场大，每根炮管每分钟能发射2发，3座三联装406毫米口径主炮发射20分钟，比3架攻击机的威力还要大。

1945年8月15日，日本代表在美国“密苏里”号战列舰上签订了投降文件。战列舰在海军中的光荣生涯至此达到了顶峰，也宣告着终点的来临。

退出历史舞台

随着第二次世界大战的最后一缕硝烟在海面上缓缓散尽，世界各国海军开始对战列舰进行大规模的退役和封存。“衣阿华”级战列舰是第二次世界大战期间美国建成的吨位最大的一级战列舰，也是世界上最后一种退出现役的战列舰。美国海军曾将“依阿华”级战列舰投入朝鲜战争和越南战争，随后将其退役封存。

20世纪的80年代，美国对4艘已退役的“衣阿华”级战列舰进行现代化改装，加装各种新型雷达、导弹、防空、电子对抗和指挥控制通信系统，重新编入现役，并在美军以后的一些军事行动中参加了战斗。1993年，这4艘战列舰再次退役。

目前，全世界只有美国和日本两国还保存着少数几艘战列舰作为浮动博物馆。其中“密苏里”号战列舰常年停泊于美国夏威夷珍珠港，作为战争纪念地供游人参观。

正在右舷齐射的美国海军“衣阿华”号战列舰，它是世界上最晚服役和退役的几艘战列舰之一。

> 装甲舰也被称为“袖珍战列舰”
> 英国空军承担了摧毁装甲舰的任务

装甲舰 》》》

一战后，德国海军提出了一种新的舰种——装甲舰，这种又被称作“袖珍战列舰”的新舰种前后一共生产了三艘，同属于“德意志”级装甲舰，它们分别是“德意志”号(后更名为“吕佐夫”号)，“舍尔海军上将”号和“格拉夫·斯佩海军上将”号。具体来说，装甲舰是一种结合了岸防战列舰的武备和装甲巡洋舰的尺度与防护力的“袖珍战列舰”。

研发背景

《凡尔赛和约》明确规定德国不准拥有一艘其公海舰队性能优良的“无畏型”战列舰，仅被允许保留8艘老式的战列舰，而且这些舰仅限于训练及海岸防御。如果德国想要制造替代舰，就必须在其下水时间之后的20年才可动工建造。同时，德国战列舰的最大排水量被限制在10160吨以内，其主炮口径也不得超过280毫米。

德国人针对条约限制，独创了一种新型军舰，即装甲舰。1926年，此舰种完成设计细节。而这种被命名为装甲舰的新舰种实际上选择了这样一种设计方案：用装甲巡洋舰的舰体装备战列舰的主炮。简单地讲，该级舰的火力比当时的任何一艘装备203毫米炮、只有轻装甲防护的1万吨级条约型重巡洋舰都要强。而且装甲舰的航速比当时的战列舰要快，这就使其不但能避免与之交火，而且能够进行远洋作战。

特点鲜明

装甲舰是德国海军在条约限制下充分发挥当时的技术优势，结合德国海军的战术需求而精心设计建造的。在最后通过的设计方案中，“德意志”级装甲舰采用了高干舷平甲板型舰型，全长187.98米、舰宽21.71米、吃水5.79米，标准排水量为11700吨，而满载排水量则高达15900吨。

该级舰的装甲防护设计能抵御重巡洋舰的203毫米炮弹，广泛的内部隔舱最大程度的减轻了战斗损伤，其防护能力及火力都比条约型重巡洋舰强。而主炮的配备在经过多次变更后，决定采用279.2毫米的口径主炮，可发射304千克的炮弹，并采用两座三联装炮塔，首尾各一座的配置。该舰还配有8门单管150毫米的低仰角副炮，对称地布置在左、右两舷的中部。除此之外，该级舰还配有多座双联装37毫米和20毫米的近程高炮，在舰艉甲板上还装有两座四联装533毫米的鱼雷发射管。

“德意志”号

德国海军于1928年11月订购了第一艘装甲舰，该舰于1929年2月5日在德意志船厂铺设龙骨。该舰建造进展顺利，并于1931年5月在兴登堡总统出席的典礼中下水，被命名为“德意志”号。

“德意志”号装甲舰于1932年5月进行了处女航。西班牙内战期间，该舰曾被派遣到西班牙沿海支援佛朗哥的西班牙国民军，从1936—1939年间，该舰共参加了7个作战行动。在1937年5月，这艘装甲舰被共和军的轰炸机击伤，共造成31人死亡、101人受伤。

二战爆发后，希特勒将“德意志”号装甲舰改为“吕佐”号。1940年2月，它和“舍尔海军上将”号被重新归类为重巡洋舰，并在同年4月参加了入侵挪威的威瑟堡行动。在这次战役中，“吕佐”号虽然成功逃脱，但它被挪威的150毫米科帕斯炮击中了3次，舰尾的280毫米火炮炮塔也被摧毁。

同年6月，“吕佐”号又被英国皇家空军轰炸机的鱼雷所重创。“吕佐”号被拖回基尔进行了大维修，直到1942年才又参加了巴伦支海海战。

1945年4月，“吕佐”号被皇家空军投下的6吨巨型高脚柜炸弹严重损毁后，被拖到希维诺乌伊希切进行维修，继续以火力支援帮助陆军撤退，直到5月4日，德军才将其凿沉。

前苏联于1946年春天将这艘已被放弃的装甲舰打捞了上来，并使用“吕佐”号的名字，作为重巡洋舰服役编入后备舰队。前苏联本来希望将其修复作为己用，不过在经过详细检视后，却得到了该舰已无法修复的结论。于是，这艘舰船最后被当做陆炮射击练习的靶船，于1947年7月沉于波罗的海。

“舍尔海军上将”号

“舍尔海军上将”号装甲舰于1931年6在威廉港的海军船厂动工建造，该舰在1933年4月下水时，被莱因哈特·舍尔上将的女儿命名为“舍尔海军上将”号，同一天，“德意志”号服役并成为舰队旗舰，官方公布的标准排水量仅为1万吨(没有油料及补给品),事实上,它的标准排水量已经到达1.17万吨,而满载排水量则高达1.59万吨。“舍尔海军上将”号于1934年11月正式服役。

1936年7月,“舍尔海军上将”号首次被派到西班牙疏散被西班牙内战卷入的德国平民。在此次任务中,它还暗中监视载满武器、援助共和政府的前苏联船队以及保护运输武器给国民军的德国船只。1937年5月,“舍尔海军上将”号炮轰了共和军于阿尔梅里亚的军事设施,以报2天前共和军飞机轰炸“德意志”号之仇。到了1938年6月末,它已完成了8次部署任务。

在接近部署于西班牙的任务结束前,“舍尔海军上将”号于1938年4月被作为一个投票所,专给就读于罗马的圣玛利亚灵魂之母堂学院的德国和奥地利神职人员与学生海外投票权,处理德奥合并的议题。与德国预期之结果相反,当地有90%的选票否决德奥合并,此事件当时还被称作“加埃塔之耻”。

“二战”时期,“舍尔海军上将”号由于机械故障的困扰,曾一度留在本土水域。直到1940年2月,该舰进行了全面的改装,包括重建一个显著倾斜角的舰首,以减少逆浪航行时海水对上甲板的冲击。为此,舷边缘的锚链孔也由传统的舰艏锚链管取代。同时,塔式的前主桅结构也改成了与“德意志”号类似的筒式主桅。除此之外,该舰还装备了雷达和消磁设备。

1940年底,刚完成改装的“舍尔海军上将”号成功地从基尔运河北部突入大西洋,并对英国护航船队发起进攻。英国的船队有39艘商船,仅由一艘装备较弱的辅助巡洋舰“贾维斯湾”号护航。但是,“舍尔海军上将”号仅击沉了其中的5艘商船,这个数字对整个船队来讲,损失并不重,但这艘在北大西洋边缘的海运航线上出现的舰船,却迫使英国中断了海上交通。在此次攻击之后,“舍尔海军上将”号转向南面,进入印度洋,但是却没有取得很大战果。

该舰于1941年4月回到基尔,之后一直待在港内,直到1942年7月出击拦截援苏的北极船团,但该行动失败。1942年8月,它驶入北冰洋狩猎船团,并发起仙境作战以建立德国海军在前苏联海域的制海权。“舍

“德意志”级“舍尔海军上将”号铁甲舰

"格拉夫·斯佩海军上将"号的残骸。

尔海军上将"号于8月25日炮击前苏联的一个气象站，并击沉一艘武装的破冰船"亚历山大·西比里亚科夫"号。该破冰船设法向己方驻军发出信号，"舍尔海军上将"号因此移动位置，并开火攻击狄克森的港口以及驻军。当地的卫戍部队随即反击，以一座老式榴弹炮对"舍尔海军上将号"开火，但仅造成轻伤。"舍尔海军上将"号最后被召回，没有击沉该港的船只，但给予了两艘停泊于该处的船只重创。之后，该舰 于1942年11月再次回到威廉港做了一次长时间改装。

1944年底，由于战局的发展，"舍尔海军上将"号撤至基尔，直到1945年3月底都在德意志船厂作进一步改装。在此期间，出乎意料的是其防空火力又得到极大增强。4月，该舰被英国空军发现，命中5弹，在改装泊位翻转沉没。一个月后欧洲战争结束，接管基尔船坞的英军发现了该舰破损的残骸，倾覆的舰体中可拆的均取走拆毁。1948年，基尔船坞区进行重新清理时，残存的"舍尔海军上将"号装甲舰体与码头一起被填平，变成了一座停车场。

"格拉夫·斯佩海军上将"号

"格拉夫·斯佩海军上将"号装甲舰于1932年10月在威廉港铺设龙骨，1934年6月30日下水。根据前两艘舰的经验，此舰除了增强装甲防御，还增加了防空火炮，包括6门105毫米高炮和8门88毫米高炮。该舰于1936年1月6日服役并取代"德意志"号成为舰队旗舰。

第二次世界大战爆发后，"格拉夫·斯佩海军上将"号是德国海军最为活跃的海上袭击舰。它转战于印度洋与大西洋，曾经击沉多艘商船并屡次躲过英、法海军舰艇的追击。

然而，这艘装甲舰最后也难逃厄运。1939年12月，"格拉夫·斯佩海军上将"号被3艘英国巡洋舰在拉普拉塔河口截住，经过激战后，该舰受伤，驶入了中立的蒙特维迪约港。最后在强大的军事及外交压力下自沉。在这次战斗中，由于"格拉夫·斯佩海军上将"号只有两座主炮炮塔，因而不能将炮火分散到多个目标，这是其在海战中失利的原因。尽管"格拉夫·斯佩海军上将"

号造成的物质损失微不足道，但它成功地吸引了大量英国军舰和辅助舰只的注意力达三个月之久，而这些舰只用于其它地区可能会取得更好的战果。

计划搁浅

“德意志”级装甲舰计划建造五艘，另外两艘的预算在1934年就通过了，但准备工作进展缓慢。1935年6月签订的《英德海军协定》使纳粹德国可以合法地突破《凡尔赛和约》的限制，最终这两艘舰更改设计建成了“沙恩霍斯特”级战列巡洋舰的“格奈森诺”号和“沙恩霍斯特”号。

“沙恩霍斯特”级的“沙恩霍斯特”号和“格奈森诺”号的建造速度极快，分别在1935年3月和5月开工，与1938年5月和1939年7月完工。但两舰尚未换装380毫米炮，第二次世界大战爆发了。

“沙恩霍斯特”级战列巡洋舰的排水量为3.18万吨，航速31.5节，舰上武器有283毫米炮9门，150毫米炮12门，105毫米炮14门和37毫米炮16门，鱼雷发射管6座，飞机4架，舰员约2000名。

兵器简史

三艘“德意志”级装甲舰均参加了1936年西班牙内战。当时西班牙内战已在欧洲爆发，这三艘装甲舰均参加了支持不干涉行动的海军封锁，在行动中，其前部炮塔顶部有红、白、兰三条色带作为识别标志。

由于德国设计人员缺乏经验，这两艘仓促建成的军舰，存在着很多缺陷，不伦不类。其排水量与英国的战列舰相当、速度与战列巡洋舰相当、装甲厚度又大于战列巡洋舰，可火力又介于战列巡洋舰和巡洋舰之间。

引发广泛的关注

该级舰被赋予了双重使命：一是用作波罗的海区域的海岸防御，这项任务并不需要很高的航速和较长的续航力；二是用作商业运输航线袭击舰，以应付可能重新爆发的与英、法的冲突。

装甲舰的出现，在各海军大国引起广泛关注，对重巡洋舰来讲更是致命打击。由于该型舰火力、装甲防护与航速之间不成比例，因此，关于该舰型的划分便成为

俄罗斯帝国的装甲战舰

“德意志”级装甲舰的武备包括6门三联装283毫米口径主炮，8门150毫米口径单装副炮；6门双联装105毫米高射炮，8门双联装37毫米高射炮；8门4联装533毫米鱼雷发射管2座。该级舰的舰载飞机一共有2架。

了一件颇费脑筋的事情。但是，这个问题很快得到了解决，因为美、英、法等国家将其称为“袖珍战列舰”，认为这是一种轻量型或小型化的战列舰。

当这些舰首次出现时，对当时的主要海军国家造成了一些冲击，它们看起来是完美的远程海上袭击舰，航速高过几乎任何一艘比它们强大的战列舰。而事实上，它们并不像看起来那么强大，由于只有两座主炮炮塔，很难将其火力分散到二个以上的目标；另外，它们比当时的重巡洋舰稍大一点，但防护又好不了多少，却又有着“战列舰”的美名。

“袖珍战列舰”对欧洲海军强国产生了很大的影响，尽管没有同类舰只出现，但英、法也花了不少气力去研究对付反袭击舰的战术。之后德国曾考虑建造其改进型，但由于其他原因而中止，该方案就再也没有发展过。法国认为“袖珍战列舰”仅仅只是破交舰，由于有心要替代老旧的“丹东”级战列舰，法国于1931年选择了装备8门330毫米炮、航速29.5节的中型舰方案，而没有考虑在华盛顿条约限制内建一艘更大、造价更高的舰只。该型第一艘——排水量2.65万吨的“敦刻尔克”号于1932年12月动工，而该级舰设计本身则深受德国设计观念的影响。

1858年，法国第一个远洋装甲模型。

> 最早的巡洋舰是美国的“沃姆波诺”号
> 目前在役的巡洋舰全部为导弹巡洋舰

巡洋舰

巡洋舰，是目前世界上仅次于航空母舰的大型水面舰艇。具有多种作战能力，主要用于远洋作战。早期的巡洋舰主要武器为火炮，称为火炮巡洋舰，现已全部退出历史舞台，取而代之的是导弹巡洋舰。巡洋舰的主要任务是为航空母舰和战列舰护航，或者作为编队旗舰组成海上机动编队，攻击敌方水面舰艇、潜艇或岸上目标。

第一战列巡洋舰中队

早期发展历程

不少人把快速帆船誉为巡洋舰的鼻祖。19世纪60年代之前，一些海上军事强国普遍配备了三桅炮舰。从1844年起，英国皇家海军开始制造铁壳三桅炮舰。但当时铁的质量并没有过关，因而三桅铁质炮舰只好被迫停造。1859年，后来居上的法国人吸取了战争经验，建成了第一艘装甲巡洋舰“光荣”号。该舰采用木壳船体，覆有114毫米厚的铁板装甲。这已经具备了巡洋舰的雏形。

1862年美国内战期间，南军打捞起一艘“梅里麦克”号三桅炮舰，并进行了改装。在一次海战中，北军2艘战舰及沿岸炮台一齐疯狂地向“梅里麦克”号发射重磅炮弹，但均被弹了回来。后来，人们便把这些舰看做是具有近代意义的巡洋舰。

巡洋舰家族的先驱者们

最早问世的巡洋舰是美国19世纪60年代制造的“沃姆波诺”号军舰。该舰排水量为4 200吨，装备16门口径为229毫米和203毫米的火炮，动力依靠帆和蒸气，航速为16节。

早期巡洋舰的主要武器为火炮，称为火炮巡洋舰，现在已经全部退出历史舞台，取而代之的是导弹巡洋舰。导弹巡洋舰按动力驱动类型分为常规动力导弹巡洋舰和核

兵器简史

《华盛顿条约》时期，由于吨位限制，各国建造的重巡洋舰均有一定的缺陷，有些牺牲了火力，有些牺牲了防护，这一时期的巡洋舰通常被称为“条约”型重巡洋舰，较好的“条约”型重巡洋舰有法国的“阿尔及尔”级。

动力导弹巡洋舰。

世界上第一艘核动力巡洋舰是美国伯利恒钢铁公司于1957年12月开工，1960年下水的“长滩”号核动力导弹巡洋舰。核动力巡洋舰的最大特点就是续航能力强，它可连续航行几年，绕地球数周而无需补充燃料。“长滩”号满载排水量为1.8万吨，装备有巡航导弹、反舰导弹、防空导弹和反潜导弹。

世界上第一艘真正的导弹巡洋舰是前苏联于1959年开工，1961年初下水的“格罗兹尼”号。它的满载排水量为5500吨，最大航速为67千米/时，续航能力为1.25万千米。它装备有反舰导弹发射装置和3座双联装防空导弹发射装置，反潜火箭发射器和鱼雷发射管，火炮为全自动平高两用炮和全自动远射炮。

两大分类

第二次世界大战后，建造的巡洋舰可分为重型巡洋和轻型巡洋舰两大类。其中重型巡洋舰的排水量为1万—3万吨，它们多为核动力推进，主要武器是巡航导弹、区域防空导弹、反潜导弹、反潜鱼雷和直升机等。这类巡洋舰主要用于为航母护航或自行编成，进行远洋作战。轻型巡洋舰排水量在1万吨以下，武器和重型巡洋舰差不多，主要区别是采用常规动力推进，舰型及总布置接近于驱逐舰。其主要使命也是护航，有时也作为编队指挥舰进行编成。

特点鲜明

首先从吨位上讲，重型巡洋舰一般满载排水量要在1万吨以上。这是区别于其他舰种的一个重要标准，这个标准也在不断变化着，也就是说巡洋舰的吨位是越来越大的。其次，巡洋舰有较强的独立作战能力，防空、反舰、反潜、火力支援等能力比较均衡。而驱逐舰一般有侧重，例如有反潜型，防空型等，一般不单独作战，而是和其他舰艇组成编队。再者巡洋舰是一种进攻性武器，而驱逐舰和护卫舰是防御性武器。

巡洋舰装备着各种武器和导航、通信、指挥控制系统，具有较高的航速、较强的续航能力和抗风浪能力，能长时间在各种复杂条件下进行远洋机动作战。现代海军通常以几艘巡洋舰组成编队进行活动，或者加入航空母舰编队担任掩护任务，常被作为舰队的旗舰。巡洋舰主要担负海上攻防作战任务，保护己方或破坏敌方海上交通线，支援登陆或反登陆，掩护己方舰艇以及防空、反潜、警戒、巡逻等任务。

第一次世界大战时期的轻型巡洋舰

“提康德罗加”号(CG-47)

现状一窥

目前，世界上拥有巡洋舰的国家有4个，分别是美国、俄罗斯、意大利和秘鲁，在役的巡洋舰共有7级36艘，全部为导弹巡洋舰。其中美国拥有1级27艘，全部为常规动力导弹巡洋舰；俄罗斯拥有4级7艘，其中“基洛夫”级为核动力，其余为常规动力导弹巡洋舰；意大利和秘鲁各1艘，均为常规动力导弹巡洋舰。

由于驱逐舰日趋大型化以及火力的不断增强，再加上一种轻型航空母舰已把巡洋舰的功能与航空母舰的功能“嫁接”在一起，所以，英法等国以建造驱逐舰和轻型航空母舰取代了巡洋舰。

“沙恩霍斯特”号的覆灭

“二战”之初，德国海军装备了数艘大型战舰，其中“沙恩霍斯特”号与“格奈森瑙”号最为有名，首战便在冰岛海域击沉英国轻巡洋舰“雷沃尔平迪”号，后来又在挪威战役中，用主炮击沉英国航空母舰“光荣”号。此后，两舰结伙在北大西洋上肆意横行，先后击沉23艘盟国商船。为此，英国海军一直都在寻找机会来歼灭这两个心腹大患。

1943年12月26日凌晨，英国海军总部向海上编队发来情报，告之“沙恩霍斯特”号单舰出港，特令前往击之。上午8时40分，英编队旗舰“贝尔法斯特”号的雷达首先发现该舰。9时30分，英舰开火，双方在海上追打了一天。傍晚时分，“沙恩霍斯特”号已遍体鳞伤，动力失灵，舰炮被打哑，成了瓮中之鳖。这时，围在它身边的是英国海军包括“贝尔法斯特”舰在内的3艘巡洋舰和8艘驱逐舰一阵鱼雷齐射，终于迫使3万多吨的“沙恩霍斯特”号像醉汉一般一头栽到海里。

出师未捷身先死

美国的“贝尔格拉诺将军”号原名“凤凰城”号，属于“布鲁克林”级巡洋舰。该舰标准排水量1万吨，满载排水量1.374万吨，装备双联152毫米主炮5座，水上飞机3架，航速30节。在第二次世界大战中，这艘巡洋舰可以说是立下了汗马功劳。它不但是麦克阿瑟将军的座舰，也曾在珍珠港偷袭中毫发未损地冲出港口。

1950年，退役后的该舰被美国出售给阿根廷。阿根廷最初把此舰命名为“十月胜利”号，不久又改名为“贝尔格拉诺将军”号。

二战结束后，美国建造的"德梅因"级达到了重巡洋舰的顶峰，它拥有三座三联装203毫米MK16型全自动主炮，全舰火力相当于2—3个美军陆军野战炮兵团。标准排水量达到1.8万吨，侧舷装甲厚度最高达到152毫米，还装备了为数众多的20毫米—127毫米的防空炮。

此后，阿根廷海军虽然为"贝尔格拉诺将军"号进行了现代化改装，不过其动力、火炮、声呐等系统却基本维持原状。

1982年马岛战争，阿根廷的"贝尔格拉诺将军"号正在英国设立的军事禁区之外航行，被英国海军的核潜艇"征服者"号盯上。此时"贝尔格拉诺将军"号对这个情况却一无所知。"征服者"号核潜艇向其发射了两枚鱼雷。一枚鱼雷击中船头附近，没有造成伤亡，另一枚则击中船身后半部，造成了相当大的爆炸。爆炸虽然没有引起火灾，仍然使船内迅即充满浓烟，爆炸更加损坏了船上的电力设备，令它无法发出无线电求救讯号。大量海水从鱼雷造成的缺口涌入船内，由于电力中断，无法把水抽走，船只开始下沉。一小时后，"贝尔格拉诺将军"号沉没，舰上的1093名官兵中有323人丧生，这个数字几乎相当于阿根廷在这场战争中伤亡总人数的一半。

2003年2月，国家地理学会和阿根廷海军共同组成一支探险队，搜索南大西洋海域，以寻找"贝尔格拉诺将军"号的残骸。在海上停留了两周之后，探险队受到南大西洋恶劣天气的影响，最终未能找到这艘沉没于大西洋的舰船。

英国"胡德"号巡洋舰曾经是皇家海军的骄傲，在相当长的一段时间里，它都堪称是世界上最大、最美观的军舰。可惜，该舰最后却在在二战时被德国战列舰"俾斯麦"号击沉。

> “基洛夫”级巡洋舰一共建造了4艘
> “基洛夫”级巡洋舰被视为经典之作

“基洛夫”级巡洋舰

为了与美国海军抗衡，履行远洋作战使命，前苏联在20世纪七八十年代建成了第二次世界大战后世界上最大的巡洋舰“基洛夫”级。在巡洋舰中它创造了三个世界之最：吨位最大，携弹量最多，最先采用导弹垂直发射装置。因为其舰载武器几乎涵盖了所有海上作战武器系统，“基洛夫”级巡洋舰也因此被称为“海上武库”。

“基洛夫”号巡洋舰正在海上缓缓地行驶着

最开始“基洛夫”级巡洋舰总共计划建造5艘，最后1艘因为经费等原因而被取消。建造而成的4艘，分别命名为“乌沙科夫海军上将”号(092)(原名“基洛夫”号)、“拉扎耶夫海军上将”号(150)(原名“伏龙芝”号)、“纳希莫夫海军上将”号(065)(原名“加里宁”号)、“彼得大帝”号(183)(原名“安德罗波夫”号)。

前赴后继

第二次世界大战后，前苏联海军一直重视发展巡洋舰，先后建造了7个级型的巡洋舰，分别为“斯维尔德洛夫”级、“肯塔”级、“克列斯塔I”级、“克列斯塔II”级、“卡拉”级、“光荣”级、“基洛夫”级、这7级中只有“基洛夫”级是核动力导弹巡洋舰，其它级型为常规动力巡洋舰。

四艘中的首制舰“基洛夫”号于1975年开始开工建造，到1977年12月已经开始下水，它的正式服役时间是1980年，后三艘也在之后的几年时间里先后进入服役阶段。而这4艘巡洋舰最大的特点都是由波罗的海船厂建造。目前，这四艘“基洛夫”级巡洋舰中的前两艘已经退役，只有后两艘仍然服役于俄罗斯海军北方舰队。

“基洛夫”级庞大的身躯能容纳三架卡-27PL“螺旋”或卡-25RT“激素”舰载直升机，而且还备有一座升降机。这几架直升飞机装备，主要用于反潜战使用的海面搜索雷达，声纳浮标、吊放式声纳和磁性异常探测器。在卡-27上，还能够配备鱼雷、深水炸弹、水雷和火箭。

兵器简史

“基洛夫”级巡洋舰虽然战斗力惊人和作战覆盖面广，但其体积过于庞大，再加上造价相当昂贵，前苏联因此也没有继续发展这种巡洋舰。而“基洛夫”级的武器系统集中体现了前苏联海军当时最现代化的技术，这些技术中的一部分也已经被世界各国海军广泛借鉴。

“超重量级的海上拳王”

“基洛夫”巡洋舰舰长248米、宽28米、吃水8.8米；标准排水量2.4万吨、满载排水量2.8万吨，故有人称之为战列巡洋舰。它们的动力装置为：核反应堆2座、蒸气涡轮机2台、电动机8台，总功率15万千瓦；航速32节，以25节航速续航力为15万海里。

全舰结构是封闭型，舰尾呈方形，较为宽广。上层建筑分前后两个部分，老远看去就能见到天线密布，这是设计中的一大薄弱环节，打起仗来受电子干扰，影响导弹的发射，但也可以看出其电子设备和武器设备的精良，有人因此把它比喻成“超重量级的海上拳王”。

武器系统

“基洛夫”巡洋舰是世界上最大的导弹巡洋舰，也是世界上第一艘装备导弹垂直发射系统的水面舰艇。该舰的重型武器集中在首部，装备了世界上最强大的武器系统。安装顺序是：12管RBU-6000火箭式深弹发射装置1座；SS-N-14反潜导弹发射装置1座；SA-N-6舰空导弹垂直发射装置12座，备弹96枚；SS-N-19反舰导弹垂直发射装置20座，备弹20枚；4座6管30毫米炮；2座双联装SA-N-4防空导弹发射装置；2座RBU-1000六管深弹发射装置；4座6管30毫米炮以及2座100毫米单管全自动炮。中部上层建筑安装有电子设备，担负着舰队的指挥与控制任务。辅助性的武器设备设在中部和尾部。

流动式武器库

由于“基洛夫”级在前苏联海军的设想中承担着多重战斗任务，因此，它被安排携带了五百多枚各种类型的导弹，这一数字几乎是美国海军携带导弹数量最多的“提康德罗加”级巡洋舰的4倍还多。而且在飞行甲板下方还有机库，可携带3架反潜直升机。因此，“基洛夫”级巡洋舰堪称一艘巨大的流动式武器库。

双联装SA-N-4舰空导弹发射装置

兵器知识

> "提康德罗加"级反潜性能方面技高一筹
> "提康德罗加"级在战争中表现不俗

"提康德罗加"级巡洋舰

将"当代最先进的巡洋舰"和"具有划时代的战斗力和生命力"等头衔送给美国的"提康德罗加"级巡洋舰是一件再合适不过的事情。该级巡洋舰装备了极为先进的"宙斯盾"防空系统，从而可以对从潜艇、飞机和水面战舰上袭来的大批导弹进行及时探测并有效应对，这是当代巡洋舰乃至当代水面舰艇的防空能力飞跃般提高的一个划时代的标志。

研发背景

20世纪60年代，冷战时期的前苏联为了与美国在海上争霸，制定了一整套海军战略和发展装备规划。他们的杀手锏是以打击美国航空母舰编队为主要目标，拼命发展反舰导弹。以便在极短时间内，同时向美国航空母舰发起密集火力攻击的"饱和攻击"。

相比之下，美国巡洋舰上装备的防空导弹，如："小猎犬""鞑靼人"及"标准I型"等，对付少数来袭的反舰导弹多少还能招架，来袭的导弹一多，就顾此失彼，防不胜防了。它们反应迟钝的毛病，主要反映在雷达搜索、测定和跟踪上，也存在于导弹制导方式和发射系统上。通常的对空警戒雷达从发现目标到测定目标的航向、航速、飞行高度等参数，需要12—24秒，然后把测得的目标数据传输给火控系统，由于防空雷达跟

"提康德罗加"级装备的"宙斯盾"防空系统以舰艇平台为中心，在极短时间内，对几百个目标进行探测、跟踪和攻击，立体空间防御范围达320—480千米。

提康德罗加级导弹巡洋舰，于1992年启动。

踪、计算出设计诸元再发射导弹，至少需要1分钟左右，再加上美国对空导弹制导大都采用半主动雷达寻的方式，需要舰上的跟踪照射雷达始终如一对准目标向其发射波束，解决了一个目标之后才能顾及下一个目标。这样，就不能同时对付多个目标。另外，导弹发射系统从装弹、瞄准到发射，也有一套复杂程序，最少也得20秒钟。这样一来，确实难以对付苏军反舰导弹的"饱和攻击"。因此，美国人设计了"宙斯盾"系统，并着手建造装备"宙斯盾"系统的全新型巡洋舰——"提康德罗加"。

无敌盾牌

"宙斯盾"不是单独型号的作战系统，它已经形成了一个作战系统系列。迄今为止，"宙斯盾"作战系统系列已包括7种型号（即基线0型—基线6型），目前正在开发基线7型。从0型基本结构发展到7型基本结构，"宙斯盾"作战系统发生了脱胎换骨的变化，作战能力已经大大增强。"宙斯盾"作战系统系列形成过程就使美国海军"宙斯盾"作战系统基本结构一直处于世界先进水平。

"宙斯盾"作战系统构成了"提康德罗加"级巡洋舰的无敌盾牌。这一先进的系统可在开机后的18秒内对400个目标进行搜索，跟踪其中的100个目标，并能指挥12—16枚导弹攻击对方。

"宙斯盾"系统目前只安装在美国"提康德罗加"级导弹巡洋舰、"阿利·伯克"级导弹驱逐舰和日本海上自卫队的"金刚"级导弹驱逐舰上。

作为"宙斯盾"系统的"眼睛"，相控阵雷达与传统的雷达完全不同。它不需要机械转动，而是由4块平面天线阵组成。每个天线阵面可覆盖90度以上的方位角和高低角。每个天线阵面像蜻蜓的复眼那样，由4480个辐射单元组成，并通过计算机对各辐射单元进行相位控制，定时发射出雷达波束以搜索目标。即使其中一个天线阵面瘫痪，搜索区也只是减少1/4，整个雷达系统仍可继续工作。

武器装备

"提康德罗加"级巡洋舰舰长172.8米，舰宽16.8米，吃水9.5米。该级舰的满载排水量为9590吨，最大舰速30节，最大航程达到650海里/20节，全舰共有舰员358人。

兵器简史

"提康德罗加"级巡洋舰在海湾战争中发挥了重要作用，在各个舰艇编队中都有该级舰参加，总数达10艘以上。其中2艘分别作为多国部队波斯湾编队和红海编队的防空指挥舰，该级舰也在用"战斧"巡航导弹攻击伊拉克的重要岸上目标中发挥了重要作用。

“提康德罗加”级舰的舰体实际上与美国海军"斯普鲁恩斯"级驱逐舰相同，只是没有稳定鳍，在重要部位加装了"凯芙拉"装甲。

主要武器有2座八联装“战斧”巡航导弹、2座四联装“鱼叉”反舰导弹、2门127毫米舰炮和2架SH60B“海鹰”直升机。

“提康德罗加”级是目前世界上防空性能最为卓越的战舰，其进攻能力也不可小视。可混装“标准”和“战斧”导弹122枚，其所携带的“标准”导弹为指令加惯性制导，半主动雷达寻的，2马赫时射程73千米。此外，还装备有2座美舰标准的MK15型20毫米六管“密集阵”火炮，现在有被先进的“拉姆”导弹取代的趋势，它还装有2座25毫米炮和4挺12.7毫米机枪用于日常警戒。

最具代表的舰艇之一

“提康德罗加”级宙斯盾导弹巡洋舰的装备了世界上最先进的“宙斯盾”系统和垂直发射系统，并携载有性能优良的反舰导弹、反潜导弹和反潜直升机等武器系统，因而该级舰具有极强的作战能力。由于舰艇携载导弹数量多，作战范围扩大，使舰艇的打击能力得以成倍的提高，因此极大的增加了该机舰艇作战使用的灵活性，使得该级舰艇既可担负区域防空任务，又可重点担负对岸/对地/对潜攻击任务，同时充分利用“宙斯盾”系统和垂直发射系统可全方位对付多批次目标的特点，大大增强了全舰的抗饱和攻击能力。该级舰是综合作战能力极强的导弹巡洋舰，是美国海军最具代表的舰艇之一。

作战运用

自该级首舰“提康德罗加”号于1983年1月正式服役，至1994年7月最后一艘“皇家港”号入役为止，该级27艘的建造计划全部完成。“提康德罗加”级巡洋舰也因此成为了世界海军史上建造数量最多的一级巡洋舰。

如今，“提康德罗加”级巡洋舰的27艘同级舰均已进入现役，其多年的作战运用过程具体包括：

1984年，首制舰“提康德罗加”号参加了拦截埃及被劫持飞机行动；

1986年美利冲突期间，“提康德罗加”号率先越过“锡德拉”湾死亡线，对利比亚快艇和飞机进行了袭击；

1991年海湾战争中，该级舰的主要任务是对编队提供对空掩护。部署海湾地区的各个航母战斗群和水面舰艇战斗群中，均配有“提康德罗加”级舰，总数达到10艘以上。

“提康德罗加”级在反潜性能方面技高一筹。中远程主要依靠 2 架 SH60“海鹰”LAMPSⅢ型反潜直升机。自身防御则为 2 座三联装 MK32 型 324 毫米鱼雷发射管，备有 36 枚 MK465 反潜鱼雷；或新一代 MK50 反潜鱼雷。

利用其探测距离远、目标容量大和反应速度快的 SPY-1 雷达和“标准”防空导弹，为其他水面舰艇提供区域性防空保护，使用“战斧”巡航导弹实施对陆攻击。MK-41 导弹垂直发射系统可以混装对地/反舰、防空以及反潜导弹。一般情况下，该级舰以防空作战为主，因此，按典型武器方案配置时，每套发射系统内仅装 8 枚“战斧”导弹，另外弹药库内再备弹 12 枚，共计 28 枚；在防空作战要求高时，则仅在发射箱内装 12 枚“战斧”，其余 110 枚为“标准”防空导弹。海湾战争中，“提康德罗加”级舰都配备了“战斧”导弹，部署在红海的“圣哈辛托”号（CG-56），在其 122 个导弹发射箱内，全部装上了“战斧”导弹，它们成为对陆攻击中的重要力量；

1999 年科索沃战争期间，该级舰的“菲律宾海”号(CG-58)、“莱特湾”号(CG-55)、“维拉湾”号(CG-72)、协同“企业”号(后“罗斯福”号接替)对南联盟实施威慑和打击“菲律宾海”号巡舰于南当地时间 3 月 24 日晚 8 时向南境内发射了 BGM-109 战斧式巡航导弹，揭开了“联盟力量”行动序幕。第一波次打击中，共发射一百多枚巡航导弹。

两次重大失误

尽管“提康德罗加”级巡洋舰服役二十余年以来，可谓战果累累，但却不能忽视其存在的重大失误——两次充当冷酷的“客机杀手”。1988 年，“提康德罗加”级巡洋舰进入霍尔木斯海峡为美国护航舰队提供对空掩护。7 月 3 日，在与伊朗海上冲突中，载有宙斯盾系统的“文森斯”号，使用标准 2 导弹将伊朗一架 A-300 误判为战斗机予以击落，这也成为了“宙斯盾”的首个“战果”。2000 年，该级“诺曼底”号巡洋舰又将一架埃及的民航客机击落。这也使拥有先进雷达和电子探测设备的“提康德罗加”级巡洋舰的声誉大打折扣。

“提康德罗加级巡洋舰”正在发射战斧导弹

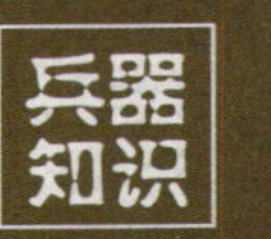

> 护卫舰被人们称为“海上守护神”
> 护卫舰今后仍将是各国海军发展的重点

护卫舰

护卫舰是以火炮、导弹和反潜武器为主要装备的中型或轻型军舰。通常装备有舰炮和舰舰导弹或舰空导弹、反潜武器等，有的还有鱼雷、反潜直升机。在现代海军编队中，护卫舰是在吨位和火力上仅次于驱逐舰的水面作战舰只，也是当代世界各国建造数量最多、分布最广、参战机会最多的一种中型水面舰艇。

早期的护卫舰

护卫舰是一个传统的海军舰种，早在16世纪—17世纪，人们就把三桅武装帆船称为护卫舰。

第一次工业革命后，西方各国在非洲、亚洲、美洲、大洋洲各地获得了为数众多的殖民地，为保护自身殖民地的安全，西方各国建造了一批排水量较小，适合在殖民地近海活动，用于警戒、巡逻和保护自己国家商船的中小型舰只，这是护卫舰的前身之一。

而在蒸汽动力用于船只后，护卫舰的排水量也相应地增加，航速也提高了不少。其中欧洲和北美各国开始大力发展此类舰种，相继制造出各种护卫舰。

世界大战中的表现

护卫舰在人类历史上的两次世界大战中均有不俗的表现：

第一次世界大战时，肆行于海上的德国潜艇对协约国舰艇威胁极大。为了打击德国潜艇的气焰和保护海上交通线的安全，协约国开始大量建造护卫舰，用于反潜和护航。这时，新制造出来的护卫舰在吨位，火力，续航性等方面都有了很大程度的提高。它们主要装备中小口径火炮、鱼雷和深水炸弹。据说，当时最大的护卫舰的排水量已经达到了1000吨，航速也达到16节，已经具

“公爵”级导弹护卫舰是英国最早安装直升机升降装置的战舰。

20世纪70年代后，导弹和直升机开始装备上舰，出现了导弹护卫舰等新的概念。

备了一定的远洋作战能力。

在第二次世界大战期间，德国潜艇又一次运用“一战”时海上策略，打击同盟国的舰船，并且将飞机也纳入了打击舰队和运输船队的范畴。在此种情况下，大力发展护卫舰就成为了一项迫切的任务。当时，根据美英两国的协议，美国向英国提供50艘旧驱逐舰用于应急护航，同时开始建造新的护航驱逐舰，这标志着现代护卫舰的诞生。著名的护航驱逐舰有英国的“狩猎者”级、美国的“埃瓦茨”级、“巴克利”级和“拉德罗”级。意大利和日本在战争中也建造了一批护航驱逐舰。典型的护航驱逐舰标准排水量达一千五百多吨，航速提高到18—20节，主要装备76—102毫米主炮或高平两用炮，多门25—40毫米机关炮用于近程防空和深水炸弹，可以执行防空、反潜、护航等任务。护航驱逐舰在第二次世界大战中多次参加机动编队海战和两栖登陆作战，战争后期部分护航驱逐舰还被改装为快速运输舰，用于向岛屿紧急运输补给和人员。

战后蓬勃发展

第二次世界大战后，护卫舰除为大型舰艇护航外，主要用于近海警戒巡逻或护渔护航，舰上装备也逐渐现代化。在舰级划分上，美国和欧洲各国达成一致，将排水量3000吨以下的护卫舰和护航驱逐舰统一用护卫舰代替。20世纪50年代以来，护卫舰和其他海军舰种一样向着大型化、导弹化、电子化、指挥自动化的方向发展，并有专用的防空、反潜、雷达警戒护卫舰的分工，一些护卫舰上还载有反潜直升机。现代护卫舰与驱逐舰的区别并不十分明显，只是前者在吨位，火力，续航能力上稍逊于后者，甚至一些国家的大型护卫舰在这些方面还强于某些驱逐舰，有的国家已经开始慢慢淘汰护卫舰，统一用驱逐舰代替。现代护卫舰已经是一种能够在远洋机动作战的中型舰艇，护卫舰满载排水量达1500吨—5000吨，航速20节—35节，续航能力2000海里—1万海里，主要装备76—127毫米舰炮，反舰/防空/反潜导弹，还配备有多种类型雷达、声纳和自动化指挥系统、武器控制系统。其动力装置一般采用柴油或柴油—燃气轮机联合动力装置。部分护卫舰还装备1—2架舰载直升机，可以担负护航、反潜警戒、导弹中继制导等任务。部分国家为了满足200海

德国K-130“布吕舍威”级护卫舰

里的经济区内护渔护航及巡逻警戒的需求，还发展了一种小型护卫舰，排水量在1000吨左右，武器以火炮和少量反舰导弹为主；有些拥有较多海外利益的国家还发展了一种具有强大护航力，用于海外领地和远海巡逻的护卫舰，比如法国的花月级护卫舰。此外，还有一种吨位更小，通常只有几十至几百吨的护卫艇，用于沿海或江河巡逻警戒。

现代护卫舰已经是一种能够在远洋机动作战的中型舰艇，满载排水量一般为2000至4000吨，航速30至35节，续航力4000至7500海里。已成为吨位在600吨以上各类舰种中数量最多的一种舰艇。

大型海战中的“警卫员”

20世纪70年代末80年代初，英国研制成一种大型远洋反潜护卫舰——22型“大刀”级护卫舰。该级舰共建造14艘，排水量按Ⅰ、Ⅱ、Ⅲ型略有差别。

其首舰“大刀”号排水量为3556吨，满载排水量4000吨。最高航速30节，长131米，总功率为39.7兆瓦。舰上装有两座双联装“飞鱼”舰对舰导弹发射架、两座6联装“海狼”舰对空导弹发射架、两座单管40毫米舰炮。此外舰上还装备有2具三联装鱼雷发射管、2架大山猫II型直升机等武器。由此不难看出，“大刀”级远洋反潜护卫舰已经具备了强火力多用途的远洋护卫能力，从而将护卫舰的作战范围从中海推向远洋。

而其III型是世界上最大的护卫舰，排水量达4900吨，比一般驱逐舰还要大。

在1982年英国与阿根廷之间爆发的马尔维纳斯群岛海战中，“大刀”级护卫舰像“警卫员”一样严密保护着航空母舰编队，充分显示出其独特的“警卫”能力和作战能力。它不但成功拦截了袭击航母的两枚导弹，而且利用其先进的电子设备及时发现来袭导弹，避开了危险。

兵器简史

在1904年—1905年的日俄战争中，日本舰艇曾多次闯入旅顺口俄国海军基地，对俄国舰艇进行了多次鱼雷，炮火袭击，并布放水雷，用沉船来堵塞港口，限制俄国舰队的行动。起初，俄国舰队巡逻，警戒港湾的驱逐舰数量少，而改装的民用船技术性能又很差，对于日本的打击不能进行很好的还击。于是在日俄战争后，俄国建造了世界上第一批专用护卫舰。

现状和趋势

当今世界上拥有护卫舰的国家和地区约50个，所拥有的护卫舰总数要超过其他各舰种总和。按舰排水量和作战活动海区不同，护卫舰可分为近海护卫舰和远洋护卫舰两大类。按使命的不同，可分为对海型、

大刀”级护卫舰装有8枚“鱼叉”反舰导弹、1座115毫米主炮、4座30毫米防空炮和1套“守门员”近防武器系统。此外，还装有2座六联装“海狼”舰空导弹发射装置、2座三联装反潜鱼雷发射管和2架“海王”反潜直升机。

兵器解密

防空型、反潜型和多用途型。

现代护卫舰与驱逐舰的区分并不明显，只是前者在吨位、火力、续航能力上稍逊于后者，甚至一些国家的大型护卫舰在这些方面还强于某些驱逐舰。目前的护卫舰排水量一般在1500吨—4000吨，少数达5000吨以上。

鉴于护卫舰在海军舰艇中有着极强的性价比，因此护卫舰仍将是各国海军发展的重点。

一些吨位较大的(3000吨以上)护卫舰还将受到诸多国家青睐，个别护卫舰吨位可能突破7000吨。护卫舰的舰载武器种类将增多，武器性能会进一步提高，特别是护卫舰的防空武器的性能将会出现质的突破，如美国的“佩里”级护卫舰就具有较强的防空能力。舰上的探测装置，包括雷达、声呐等将有较大的改进与提高。

英国“公爵”级护卫舰

英国“公爵”级护卫舰首舰于1990年6月服役，计划建造23艘，其主要使命是搜潜和攻潜。

该级护卫舰是英国海军建造数量最多的主力战舰，也是英国驱护舰队的骨干力量，最初设计用于替代“利安德”级护卫舰，承担深海反潜任务。随着冷战的结束，并吸取马岛战争的教训，英国海军要求“公爵”级护卫舰更多地承担支援联合远征作战、投送海上力量等任务，最终形成了一型反潜能力突出，并兼具防空、反舰和火力支援能力的护卫舰。

该舰满载排水量为4200吨，最大行驶速度28节，舰上装载的武器有：侦察机、反潜直升机、2座四联装“鱼叉”反舰导弹发射架、发射“海狼”舰空导弹的垂直发射装置、舰前端为1门114毫米“维克斯”火炮和反潜鱼雷。“公爵”级护卫舰采用了隐身设计，在表面涂有吸收雷达波的材料，可以有效地减少雷达反射面积，达到在雷达视野中隐身的目的。

“公爵”级导弹护卫舰

兵器知识

"佩里"级护卫舰为编队提供防空和反潜
"佩里"级护卫舰最大排水量是3640吨

"佩里"级护卫舰

"佩里"级护卫舰是美国海军中性能适中的通用性导弹护卫舰，具有多种战术用途，可以承担防空、反潜、护航和打击水面目标等任务。它是世界最先进的导弹护卫舰之一，满载排水量达3600吨。尽管它的性能比不上某些高性能舰艇，但因其价格适中而建造了51艘，其中30艘由于改进而加长了舰体，也被称为"佩里"加长级。

应运而生

20世纪60年代中期，美国海军的各类战斗舰艇多数都已超过20年以上的舰龄，虽然从50年代中期开始进行"舰队更新和现代化改装计划"。但是经改装的老驱逐舰的延长舰龄有限，这就迫切需要新舰来替换老驱逐舰和护卫舰。

及至20世纪70年代初，美国海军开始实行"高低档舰艇结合"的造舰政策。这一时期陆续建造的"尼米兹"级核动力航母、核动力巡洋舰等，都属于高档的舰艇，同时也需要一级能大量迅速建造的、造价较低的护卫舰，用以代替将大批退役的老驱逐舰和护卫舰。这时，"佩里"级护卫舰作为满足此项要求的低档舰艇，被大量制造出来。

首舰出世

"佩里"级护卫舰是一型通用型的导弹护卫舰，主要执行以下任务：为航行补给编队、两栖作战编队；为军事运输船队和商业运输船队承担防空、反潜和反舰任务；保护重要的海上运输航线；协同其他反

"佩里"级舰的生活设施良好，每名舰员平均享受19.6平方米的生活空间。

"佩里"级护卫舰的主要武器装备包括2架SH-60B LAMPSⅢ直升机、1座单臂Mk-13-4型两用导弹发射架、1座Mk-75/O型76毫米舰炮，1座Mk-15"密集阵"近防武器系统和4挺12.7毫米机枪。

部分"佩里"级舰安装着MK-38型25毫米舰炮。

潜兵力执行攻势反潜。

该级护卫舰首舰"奥利弗·佩里"于1977年12月建成服役，该舰标准排水量2750吨，满载排水量3640吨，续航力8100千米，武器包括导弹、舰炮、对空炮、鱼雷和反潜直升机，同时配载有雷达、声呐、通信、电子对抗、作战指挥自动化系统等电子设备，具有较强的搜索、攻击飞机、舰艇或反舰导弹的作战能力。

设计人性化

"佩里"级护卫舰的动力装置采用全燃动力装置，这种装置具有重量轻、体积小、噪音低、操纵性好等特点，而且低速性和可靠性颇佳。"佩里"级舰在设计中充分考虑到舰上维修方便的需要，尽量减少舰上维修工作量。对于需要修理的设备采取舰外供应、整机更换、舰外修理等方式，力求使舰上设备组件化。同时，在舰艇布置设计上，尽量使设备易于拆装和内部移动，并为拆装和移动这些设备设计了最佳通路，以及在搬运路线上设置架空轻便轨道、滑车等。

该级护卫舰还有一大特色，就是其上层建筑四周只设少数的水密门，形成了一个封闭的整体，这样就能为舰员和设备提供更多的空间，有利于改善居住条件和增强适航性。

智者千虑，必有一失

"佩里"级舰上武器配置较齐全，作战能力较强。舰上的探测系统性能出众，尤其是声呐，除有一部舰壳声呐外，还有一部拖曳线列阵声呐。如此的装备使得该级舰的探测距离更远，对目标的识别更准确。

尽管一切的装置都显得无懈可击，然而，出人意料的事情还是发生了。

1984年5月14日，美国海军的"佩里"级"斯塔克"号导弹护卫舰在波斯湾执行油轮护航任务中，被伊拉克空军"幻影"F1型战机发射的两枚"飞鱼"空舰导弹命中，舰体受到严重损坏，造成37人死亡。在这次事件中，最令人不可思议的是伊拉克导弹的攻击竟然是在美军的监视下发生的。所谓智者千虑，必有一失，大概不过如此吧。

兵器简史

为了提高作战能力，美国海军对30艘"奥利弗·佩里"级护卫舰进行了现代化改装，主要加装直升机着舰系统。这使其尾封板增加了1个角度（在水线和尾突之间向后倾斜45°角），因而使整个舰体加长了2.4米。

兵器知识

> 驱逐舰分为对海、对空、反潜和多用途型
> 当今世界拥有驱逐舰的国家约有30个

驱逐舰

驱逐舰是一种以导弹、舰炮、反潜武器为主要装备、具有多种作战能力的中型军舰。也是现代海军中装备数量最多、用途最广泛的舰艇。它具备对空、对海、对潜多种作战能力，可以执行防空、反潜、反舰、对地攻击、护航、侦察、巡逻、警戒、布雷和火力支援等作战任务，所以有人形象地称其为“海上多面手”。

诞生的契机

在19世纪末期，一种以驱赶鱼雷艇为主要作战任务的“鱼雷艇驱逐舰”诞生了，这可以认为是现代驱逐舰的起源。

1878年1月，俄国鱼雷艇首次成功使用“白头”鱼雷，在70米距离上击沉了排水量2000吨的土耳其炮舰“英蒂巴”号。鱼雷的出现对当时的海军主力——战列舰构成了严重的威胁。首先认识到了这一点的法国人，为了战胜英国在战列舰长期领先的地位，便大批建造鱼雷艇，并将其部署在英吉利海峡。

感受到压力的英国人改装了10艘巡洋舰来打击鱼雷艇，但速度太慢巡洋舰并不能有效对抗高速的鱼雷艇。面对威胁，英国决定建造一种比鱼雷艇吨位稍大、速度较快、力量较强的新型舰艇，专门用来驱逐鱼雷艇，这种新型舰艇便是驱逐舰。

1893年，英国海军率先建成了“哈沃克”号军舰。这艘军舰长54.8米、宽5.48米，排水量240吨，以蒸汽机为动力，设计航速26节，并装备有1座76毫米火炮和3座47毫

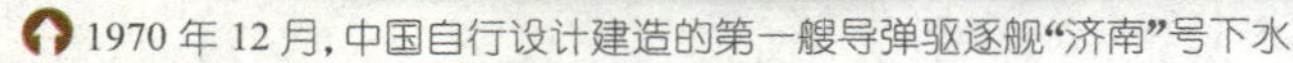
1970年12月，中国自行设计建造的第一艘导弹驱逐舰“济南”号下水。

米火炮，能在海上毫无困难地捕捉鱼雷艇，它还携带了3枚450毫米的鱼雷，作为攻击敌舰的武器使用。后来，德国海军也发展了同类型的军舰，不过将之称为大型鱼雷艇。

英国"42型"驱逐舰

自从"哈沃克"号问世后，法国、德国、美国等其他海军大国也纷纷效仿，并取得了一定的成绩。1897年，英国出现了一艘设计新颖的蒸汽游艇"图比尼亚"号。它的发动机采用了最新的帕森斯蒸汽涡轮机，其航速比当时海军的任何驱逐舰或鱼雷艇都要快。在试航中，该艇以36节的速度航行了1个小时。英国海军后来利用该艇成果制造出了第一艘蒸汽轮机高速驱逐舰。

随着更多的驱逐舰进入各国海军服役，驱逐舰开始安装较重型的火炮和更大口径的鱼雷发射管。可以说，这一时期编队使用的驱逐舰已经成为海军舰队的主要突击兵力，打击敌人鱼雷舰艇的同时还要对敌舰队实施鱼雷攻击。

在战争中发展

驱逐舰首次在大规模战斗中发挥主要作用是1914年英、德两国海军发生的赫尔戈兰湾海战。后来，驱逐舰被安装上深水炸弹充当反潜舰，成为了商船队不可缺少的护航力量。随着战争的发展，驱逐舰已经具备了多用途性，逐渐向大型化方向发展，所装备的武器也更强。

到了20世纪20年代，各国海军的驱逐舰尺度不断增加，而其武器搭配和战法也日益完善。其中英国按字母顺序命名的9级驱逐舰——A级至I级；日本的特型驱逐舰——吹雪级驱逐舰及其改进型号是这一阶段驱逐舰的典型代表。法国的"美洲虎"级驱逐舰以及后续建造的"空想"级驱逐舰，标准排水量超过2000吨，甚至达到了2500吨，通常被称为"反驱逐舰驱逐舰"。

同样的，在1930年签订的《伦敦海军条约》中也对驱逐舰的排水量做出了限制，但是这个限制并未持续很长时间。因为各国海军在1936年条约到期时，均开始建造比以前更大、武备更强的驱逐舰，这些新的驱逐舰的排水量就接近或超过2000吨。这一时期驱逐舰的代表有英国"部族"级、美国"本森"级、日本"阳炎"级和德国的"Z型"驱逐舰。虽然驱逐舰担负的任务日益广泛，但是集群攻击仍然是这些以鱼雷、火炮为主要武器的驱逐舰的主要任务。

"海上多面手"大显神通

第二次世界大战前,驱逐舰排水量增至2000吨左右,到大战结束时,已达3500吨左右。航速也相应增至35—40节,成为最快的战斗舰艇。驱逐舰的武器配备也逐渐增强,鱼雷发射管由单管发展为双联,甚至五联装,舰炮由1—2门75毫米炮增至3—6门130毫米炮,作战威力有很大提高。

第二次世界大战中没有任何一种海军战斗舰艇用途比驱逐舰更加广泛。战争期间的严重损耗使驱逐舰又一次被大批建造,其中英国利用"J"级驱逐舰的基本设计不断改进,建造了14批驱逐舰,美国建造了113艘"弗莱彻"级驱逐舰。

在战争期间,驱逐舰成为名副其实的"海上多面手"。由于飞机已经成为重要的海上突击力量,驱逐舰装备了大量小口径高炮担当舰队防空警戒和雷达哨舰的任务,加强防空火力的驱逐舰出现了,例如日本的"秋月"级驱逐舰和英国的"战斗级"驱逐舰。针对严重的潜艇的威胁,旧的驱逐舰进行改造投入到反潜和护航作战当中,并建造出大批以英国"狩猎"级护航驱逐舰为代表的,以反潜为主要任务的护航驱逐舰。

兵器简史

世界上第一艘导弹驱逐舰是美国于1953年建造的"米切尔"号,它的排水量为5200吨,装备"鞑靼人"防空导弹。而最早装备反舰导弹和反潜导弹的导弹驱逐舰是美国于1958年下水的"孔茨"号。

任务的改变

"二战"结束后,驱逐舰发生了巨大的变化,驱逐舰因其具备多功能性而备受各国海军重视。以鱼雷攻击来对付敌人水面舰队的作战方式已经不再是驱逐舰的首要任务。反潜作战上升为其主要任务,鱼雷武器主要被用做反潜作战,防空专用的火炮逐渐成为驱逐舰的标准装备,而且驱逐舰的排水量不断加大。

而随着科学技术的不断进步,驱逐舰的传统概念已发生了巨大变化。

首先是吨位增大,由"二战"末期的3500吨增至8500吨,一般均保持在5000吨左右,这样一来就和轻巡洋舰没有什么大的区别了。

其次是动力装置更新。1962年,美国建造的世界上第一艘核动力驱逐舰"班布里奇"号服役,它的核动力装置可确保该舰绕地球航行16圈而不用更换燃料。此外,燃汽轮机和各种复合动力装置也应运而生,使驱逐舰的加速性和续航力有很大改善。

第三,武器配备多样化。驱逐舰一改过去那种以鱼雷和火炮为主的状况,转入以导弹为主的配置模

"斯普鲁恩斯"级驱逐舰舰炮开火的情景

“现代”级导弹驱逐舰诞生于20世纪七八十年代，隐身性是该级舰的一大特色。为降低噪音，其推进器采用了低噪音五叶螺旋桨，舰体部分也敷设了一层降低水下噪声的吸收涂层，并在一定程度上抑制了红外辐射强度。舰上全面涂敷了雷达波吸收材料，以防止被雷达探测到。

2004年9月18日，在夏威夷“阿利·伯克”级驱逐舰的“珍珠港”号被编入太平洋舰队服役仪式现场

式，除装备舰空导弹、舰舰导弹和反潜导弹外，还装备对地攻击的“战斧”巡航导弹和高性能反潜自导鱼雷。

最后，广泛携载直升机。现代驱逐舰一般可携1—2架直升机，个别能携3架直升机，其主要作用是反潜作战。

现代驱逐舰

驱逐舰以导弹、鱼雷、水雷及舰炮为主要武器，具有多种作战能力。现代驱逐舰的排水量为2000—8500吨，多数在3000吨左右，航速30—38节。武器装备以导弹为主，并配载直升机，其使命任务多种多样，有综合型，也有单一用途型。综合型一般能执行防空、反潜和反舰等各种任务，而单一防空型则配以较强的舰空导弹和舰炮武器，以及较先进的对空警戒及侦察设备，主要担负舰艇编队内的区域防空任务，单一反潜型驱逐舰则配有较先进的反潜探测及攻击设备，并载有1—3架直升机，主要担负舰艇编队的反潜作战任务。单一反舰型驱逐舰还配有较强的反舰导弹、对地攻击导弹和舰炮，主要担负对水面舰船及岸基目标的攻击任务。

蒸蒸日上

20世纪50年代后，驱逐舰没有像战列舰、巡洋舰那样出现衰落，反而因其具有灵活性和多功能性而备受各国海军的重视，迅速向导弹化、电子化、指挥自动化的方向发展，并出现了反潜驱逐舰和防空驱逐舰的分工，驱逐舰的吨位也明显加大，大型驱逐舰排水量达到6000吨以上，相当于轻型巡洋舰。更为重要的是，一些驱逐舰上还配备了反潜直升机。

同时，在舰体空间增大的基础上，舰上条件逐步改善，现代驱逐舰的舰员们不但可以在舒适的封闭的舱室中值勤，还能够利用自动化技术操纵他们的战舰。

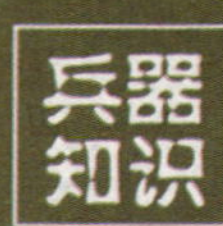

兵器知识

> 阿利·伯克曾连任三届海军作战部长
> 该级驱逐舰代表了美国海军的最高水平

“阿利·伯克”级驱逐舰

“阿利·伯克”级导弹驱逐舰在世界海军中可谓声名显赫。它是世界上第一艘装备“宙斯盾”系统并全面采用隐形设计的驱逐舰，具有极强的全面作战能力，代表了美国海军驱逐舰的最高水平。而“阿利·伯克”级驱逐舰则是以美国历史上最著名的驱逐舰中队战斗指挥官、美国海军上将阿利·伯克的名字来命名的。

首舰大放异彩

“阿利·伯克”级的建造计划有过几次变动。最终确定下来的计划是建造“阿利·伯克”级Ⅰ型和Ⅱ型共计28艘。而该级舰的首舰“阿利·伯克”号已经于1991年下水，舰上的“宙斯盾”系统、MK-41垂直发射系统，使其具有无与伦比的综合防空、反潜、反舰能力。它也因此成为了美国十二大航母战斗群的“贴身护卫”。

“阿利·伯克”级驱逐舰其实是一个名副其实的兴旺大家族，这级舰不仅建造的数量多，型号也多。虽然它们都具有相同的舰体和动力装置，但其不同之处却主要表现在武器装备的改进和更多高新技术的应用上。到目前为止，该级舰总共有Ⅰ型21艘，Ⅱ型7艘，ⅡA型计划10艘。不过这些数据在未来可能还会产生变动，是否还会有新的型号出现也未可知。

独特的设计

该级舰一改驱逐舰传统的瘦长舰型，采用了一种少见的宽短线型。这种线型具有极佳的适航性、抗风浪性和机动性，能在恶劣海况下保持高速航行，横摇和纵摇极小。它也是美国海军按隐身要求设计的第一型水面舰艇。首先，舰体和上层建筑均为倾斜面，以大幅减弱回波信号；其次，在烟囱的排烟管末端安装红外抑制装

“阿利·伯克”号驱逐舰

“阿利·伯克”级驱逐舰装有2座MK36型6管箔条干扰弹和红外干扰弹发射装置，1部SLQ-25“水精”拖曳鱼雷诱饵以及1部SPY-1D“宙斯盾”相控阵三坐标对空搜索/火控雷达、1部SPS-67(V)型对海搜索雷达、3部SPG-62型火控雷达和1部URN-25型战术导航雷达。

兵器解密

兵器简史

研制“阿利·伯克”级舰的目的有两个：一是用于替换从1959年—1964年服役的老导弹驱逐舰，20世纪60年代初建成的10艘“孔兹”级和23艘“亚当斯”级导弹驱逐舰90年代初都将退役；二是新研制的这级驱逐舰能够作为“提康德罗加”级“宙斯盾”巡洋舰的补充力量。

置，以降低红外辐射量；再就是在机舱段的舰体外表装设“气幕降噪”管路，以降低辐射噪声。

“宙斯盾”系统的优势

“阿利·伯克”级驱逐舰最引人注目之处当然是著名的“宙斯盾”系统。该系统可以同时搜索和跟踪上百个空中和水面目标，其雷达的工作参数可以迅速变换，具有极强的抗干扰能力，还能消除海面杂波的影响，可以有效地探测掠海飞行的超低空目标。

为了提高军舰的生命力，在设计中充分考虑了减轻战损和在战损情况下保持战斗力的措施。它的作战和通信中心都在主舰体内，以抵御炮火的袭击；全舰装设了三防用的过滤通风系统，这在美国舰艇上是第一次；所有舱室都采取增压措施，重要系统均有抗冲击加固，能经受水下和空中爆炸的冲击效应。

强大的武器装备

“阿利·伯克”级驱逐舰还有一大特色，就是其堪称强大的武器装备。这些武器装备主要包括：2座MK41型导弹垂直发射装置，发射“战斧”巡航导弹，“标准”SM-2MR舰空导弹，“阿斯洛克”反潜导弹和2座4联装“捕鲸叉”反舰导弹发射装置(I、II型)及先进型“海麻雀”舰空导弹（从MK41系统发射，IIA型）；1座MK45型127毫米炮，2座MK15“密集阵”6管20毫米近防炮；2座Mk32型三联装324毫米鱼雷发射装置，发射Mk46型鱼雷；2座MK36型6管箔条干扰弹和红外干扰弹发射装置和1部SLQ-25“水精”拖曳鱼雷诱饵。

遭遇袭击

2000年，“阿利·伯克”级导弹驱逐舰的“科尔”号正在也门进行加油作业，突然遭到一艘橡皮艇的袭击，艇上的烈性炸药随即发生爆炸。猛烈的爆炸将“科尔”号的左舷撕开一个足有4平方米的大洞，并且导致舰上17名水兵死亡，33人受伤。这次事件后，船厂花费了2.5亿才将其修复。

“科尔”号舰体左侧被炸出来的大洞

兵器知识

> 近海巡逻艇有"第二海军"之称
> 高速、无人和智能是未来巡逻艇的特点

巡逻艇

巡逻艇是以重机枪为主要武器，用于近海作战的小型战斗舰艇。可担负巡逻、警戒、布雷等任务。巡逻艇在许多国家甚至不配备给军队，而是配给准军事的海岸巡逻队或警察，用于查缉的日常勤务。巡逻艇已经出现多年，在第二次世界大战之前时就有使用，与马达几乎同时出现。

诸多特点

巡逻艇吨位小，航速高，机动灵活，排水量通常为数十吨至数百吨，航行速度30到40节，有的可达50节，续航能力500—3000海里。有些快艇还加装20至76毫米口径舰炮，吨位较大的快艇还可能包含水雷、深水炸弹等。搭配的感测系统有搜索、探测、武器控制、通信导航、电子作战等。

"第二海军"

近海巡逻舰通常指排水量1000吨以上，主要配备中小口径火炮和机枪等武器，可搭载少量直升机的中型舰只。最初，近海巡逻舰主要担负近海巡逻、护渔护航、反走私等任务。

近年来，越来越多的国家对于近海巡逻舰表示出极大兴趣，赋予其越来越多的功能，其满载排水量不断增大，中远海航行能力日趋增加，适合的任务种类明显增加。因此，巡逻舰虽仍被冠以"近海"之名，但它的活动海域早已超出近海范围，成为中远海巡逻舰。

近海巡逻舰之所以发展迅速，

巡逻艇

第二次世界大战中，巡逻艇(PCE-872)护送的美国海军

主要是因为它不仅性能优良、用途广泛，而且造价低廉，在和平时期大有用武之地。由于拥有的舰艇数量众多，美国甚至将使用近海巡逻舰为主的海岸警卫队称为"第二海军"。

近海巡逻舰主要有两种类型：数量较多的是以高性能护卫舰为原型进行设计建造的舰艇；另一类则是专门设计建造的舰艇。

五大功能

搜救巡逻艇用途广泛，可以实现多种功能，概括起来主要包括：1.海上救助落水人员，如军舰作战时，远洋船舶遇难有人落水时等，特别是在比较恶劣海况，人工救助艇力不能及的环境下；2.海滩、海边浴场外围的巡逻，取代人工监视，防止游客在离海岸较远处溺水或被浪卷离海滩；3.海岸自动巡逻守卫功能(军用)；4.夜间搜救落水者时，用智能艇的红外线探测能很方便地确定目标位置；5.其他海上作业(如海洋平台)配备作为救生装置。

未来的近海防御卫士

无人驾驶巡逻舰艇已经成为未来巡逻舰艇发展的趋势，这种性能优越的巡逻舰艇，不但可以自动搜救落水者，更是反恐战争中的"好帮手"。

搜救巡逻艇家族出现了一种新型的无人驾驶巡逻艇。这种巡逻艇具有智能、高速等特点，其采用的程控和遥控相结合的控制系统，能够自动地将落水者救回，是一种非常实用的小艇。

另外，无人驾驶巡逻艇中的无人武装巡逻艇正在被更多的国家军方所重视。这主要是因为无人武装巡逻艇有以下优点：可以执行更全面的情报搜集、监视和侦察任务；遇到特殊情况时不会出现人员损失；艇上的武器可将海盗或恐怖分子的袭击预先拦截下来；由于体积更小，隐形性能出众，能更好地结合各个国家的情报侦察系统，并为其进行有力的补充。因此，无人武装巡逻艇被看做是未来最理想的近海防御卫士。

新型海岸巡逻艇

“皮里”号海岸巡逻艇是澳大利亚“阿米代尔”级巡逻艇中的一艘，该艇全长56.8米，满载排水量270吨，编制人员21人，动力装置为2台柴油机，双螺旋桨推进，最大航速25节，续航力3000海里。“皮里”号的舰载武器十分简单，只有1门M242型25毫米机关炮和两挺12.7毫米机枪。

作为21世纪建造的新型巡逻艇，“皮里”号巡逻艇有其明显的时代特色：外形具有一定的隐身特征；上层建筑采用了全封闭结构，从而具有更好的抗风浪能力；可携带两艘新型刚性充气艇，通过安装在后甲板上的特制吊机快速施放下水。

极地巡逻舰

丹麦的“泰提斯”级远洋巡逻舰和“拉斯穆森”级极地巡逻舰在整个巡逻舰艇家族显得十分特殊。

“泰提斯”级远洋巡逻舰排水量3500吨，舰长112.3米、宽14.4米，最大航速21.5节，最大航程8300海里。该级舰上配备有雷达、声呐等电子系统，还装有1门76毫米口径炮、2座37毫米炮、4挺12.7毫米机枪、1座深水炸弹发射器和4座“刺针”防空导弹发射器。

“拉斯穆森”级极地巡逻舰满载排水量为1720吨，舰长71.8米、舰宽14.6米，最大航程3000海里。这级舰艇是为了适应北极作战设计而成的，舰体不但采用多棱角隐身

现代巡逻小船“阿尔巴尼亚海军防御系统

俄罗斯的"金刚石"设计局在"守护"级出口型护卫舰的基础上，研发了2000型近海巡逻舰。它的排水量2260吨，武器为1门76毫米炮、2门30毫米炮、2挺12.7毫米机枪，2具用来对付蛙人的榴弹发射器；可搭载1架直升机和2艘小艇。

有艰巨任务的巡逻舰。

设计，而且使用硬度极高的特种破冰钢材建造。通过实验证明，该舰足以破开0.7米厚的冰层。舰上装有1座76毫米舰炮、2挺12.7毫米重机枪，还可加装"改进型海麻雀"防空导弹和MU90轻型反潜鱼雷发射模块，另外还可配备1架直升机，携带1艘登陆艇。

美国巡逻舰

"汉密尔顿"级巡逻舰被誉为"美国海岸警卫队的中坚力量"。首舰"汉密尔顿"号于1967年1月建成，该级舰先后建造了12艘。

"汉密尔顿"级巡逻舰排水量3250吨，舰长115.21米、宽13.10米，最大航速29节，续航力1.4万海里/12节，其续航力在各国相似大小的巡逻舰中位居翘首。舰首安装1座76毫米速射火炮，主要用于防空作战，也可用于对海攻击，射速80发/分钟。舰尾安装1座MK15"密集阵"20毫米近防火炮系统，用于近程对空防御。舰上还备有2挺12.7毫米机枪和安装在左右两舷后部的2座MK38型25毫米火炮。该舰舰尾设有大型直升机甲板，配有一个伸缩式机库，可搭载1架直升机。

兵器简史

希腊于上世纪90年代也建造了两级4艘护卫艇，都配有奥托?梅莱拉76毫米紧凑型主炮和40毫米博福斯副炮。另外，巴西、韩国、阿曼等国海军也拥有装备中口径（40毫米以上）舰炮的巡逻/护卫艇。

"皮里"号巡逻舰舷号为ACPB 87，舰长为56.8米，全铝制，在位于澳大利亚西部的奥斯塔船厂建造。它采用模块化的设计概念，使得该艇可以迅速地经过改变来执行各种任务，包括监视、水面作战、反潜作战、反水雷/猎雷、布雷或污染监控等。

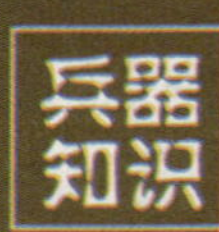

> 两栖攻击舰是登陆舰艇的一种类型
> 两栖攻击舰的名称始于20世纪70年代

两栖攻击舰

作为一种新的军舰，两栖攻击舰在登陆战中具有十分重要的地位。它拥有较强的攻击能力，有的两栖攻击舰甚至像是一艘轻型航母，能够压制岸上敌人的火力，掩护己方登陆人员和装备的安全，为登陆作战添加成功的筹码。“硫磺岛”号两栖攻击舰和“塔拉瓦”号通用两栖攻击舰是该舰种家族的佼佼者。

两栖攻击舰

产生及发展

两栖攻击舰是两栖舰艇中最主要的登陆作战舰艇。20世纪50年代，美军诞生了登陆战的“垂直包围”理论，按照该理论，要求登陆兵从登陆舰甲板登上直升机，飞越敌方防御阵地，在其后降落并投入战斗。这样可避开敌反登陆作战的防御重点，并加快登陆速度。两栖攻击舰便是在这种作战思想指导下产生的新舰种。

“硫磺岛”级是美国海军20世纪60年代建造的第一代两栖攻击舰。首制舰“硫磺岛”号于1961年建成服役。该级舰原来是作为直升机反潜护航航空母舰设计的，当时为了满足陆战队对垂直登陆的迫切需要，便在原设计图上稍作修改，缩小了机库、弹药库和油库，增设了裁员舱，于是就成了两栖攻击舰。

两栖攻击舰是一款用来在敌方沿海地区为实现两栖作战提供支援的舰艇

世界上第一艘两栖攻击舰“硫磺岛”号始建于1959年4月,1960年9月下水,第二年8月服役。它在外形上很像直升机母舰,有从艏至艉的飞行甲板。甲板下有机库,还有飞机升降机。它可载12—24架不同型号的直升机,必要时还可载4架AV-8B型垂直/短距离起降战斗轰炸机(英国“鹞”式飞机的引进型)。“硫磺岛”的满载排水量为1.8万吨,可运载一个加强陆战营(1746人)及其装备,航速约每小时46千米,续航能力1850千米。

该级舰一共建造了7艘,是专为两栖垂直攻击作战而设计建造的。舰长183.7米,舰宽25.6米,吃水7.9米,编制754人。

除了美国外,其他国家也开始研制、发展两栖攻击舰。

两大分类

两栖攻击舰分为攻击型两栖直升机母舰和通用两栖攻击舰两大类。

攻击型两栖直升机母舰又称直升机登陆运输舰或直升机母舰,其排水量都在万吨以上,设有高干舷和岛式上层建筑以及飞行甲板,可运载二十余架直升机或短距垂直起降战斗机,它的最大优点就是可以利用直升机输送登陆兵、车辆或物资进行快速垂直登陆,在敌纵深地带开辟登陆场。

通用两栖攻击舰是一种更先进、更大的登陆舰艇,出现于20世纪70年代,综合能力非常强。它实际是集坞式登陆舰,两栖攻击舰和运输船于一身的大型综合性登陆作战舰只,这种舰艇既有飞行甲板、又有坞室,还有货舱。以往运送一个加强陆战营进行登陆作战,一般需要坞式登陆舰、两栖攻击舰和两栖运输船只5艘,而通用两栖攻击舰只需一艘就可全部代替它们。

“塔拉瓦”级两栖攻击舰

“塔拉瓦”级是美国海军20世纪70年代兴建的一种多用途两栖攻击舰,是世界上

"塔拉瓦"级两栖攻击舰装载的坦克

最大的综合性两栖舰。它是根据登陆作战中的"垂直包围理论"发展的新型登陆舰艇。它兼有直升机攻击舰、两栖船坞运输舰、登陆物资运输舰和两栖指挥舰等功能,可在任何战区快速运送登陆部队登陆,或作为攻击舰实施攻击,或作为两栖指挥舰指挥陆、海、空三军协同作战。

该级舰原计划建造9艘,后实际建成5艘,首舰"塔拉瓦"号1976年5月29日服役。

"塔拉瓦"号于1976年开始服役,长254.2米,宽40.2米,吃水7.9米,满载排水量为3.89万吨,航速24节,在20节航速下续航能力1万海里。该舰可搭载8架AV—8B"海鹞"垂直起降战斗机和最多35架各种用途的直升机。舰上武器主要有舰空导弹发射架、"密集阵"近防系统和机关炮。

"塔拉瓦"级服役后,美海军的登陆能力已显著增强,能部署大约一万名海军陆战队员及其装备,并提高其机动能力,使美国"在必要的时间把部队送到必要的地点",该级登陆舰曾经参加了1991年的海湾战争。

由于这种舰体现"均衡装载"设计的概念,一艘"塔拉瓦"号能完成3—4艘一般登陆运输舰承担的任务。因此,此级舰服役后,能提高舰队的"灵活反应"能力,可相应地减少在役运输舰只的数量,并可节省燃油等费用。在登陆战区域,这种舰还可作为医院船、支援船和水面维修船使用。由于航速大和备品充足,它们能迅速抵达遭受灾害的现场,及时提供医疗及衣食等必需品。舰上的电子设备,可为在舰上设立临时的营救或撤退指挥所提供一切方便。

该级舰装备有舰对空导弹、机载空舰导弹、火炮和近程武器系统以及自升机和垂直短距/起降飞机,形成远、中、近和高、中、低攻防体系,具有防空、反舰和对岸火力支援等能力;该舰设有直通飞行甲板,下面是机库,可搭载各种直升机和垂直/短距起降飞机。飞行甲板上设有多个起降点,最多可搭载19架"海上种马"直升机和6架"鹞"式垂直/短距起降飞机。甲板上还可放9—12架直升机。从而能很快将舰上搭载的1700名陆战队士兵送至登陆点。

作战类型

两栖攻击舰的作战类型主要包括两栖佯攻、两栖包围、两栖袭击、两栖夺占、两栖试探、两栖进攻和两栖撤退等。

两栖佯攻是这样一种作战方式:己方使用舰炮火力,将登陆舰艇放入水中并驶向敌方滩头阵地,出动直升机模拟登陆。但己方部队不在滩头或登陆场登陆,而是返回舰队或在其他地区登陆。美国海军曾在"二战"

兵器简史

美国海军"塔拉瓦"级两栖攻击舰"特里波利"号,在波斯湾北部海域执行扫雷任务时撞上了一枚锚雷。随着一声巨响,"特里波利"号被炸开了一个巨大的裂口。而事后的调查报告更加让人瞠目结舌,重创"特里波利"号的系俄罗斯产的M1903型老式锚雷,装药只有136千克,造价约为7500美元,而使美国受到的损失达2.8亿美元以上。

美国“硫磺岛”级两栖攻击舰装有2座8联装MK25“海麻雀”导弹发射架，4门MK33双76毫米/50身倍炮，2门20毫米MK16炮，可搭载1架CH-46（甲板或4架CH-53）、20架CH-46（机库，或11架CH-53）直升机，必要时可载4架AV-8A型飞机。

和海湾战争中使用过这种战法。

两栖包围指不需要出动任何舰艇的侧翼行动。登陆舰艇将部队输送上岸，并将部队部署于距敌数千米之外的地区，对敌形成包围之势。在“二战”期间的太平洋战场上几次采用了这种作战方式。

两栖袭击是由乘坐登陆舰船或直升机上陆的部队从海上实施的攻击。这种战术主要用于迅速摧毁敌陆上设施和收集情报。袭击部队可由40人的排级直至5000人的旅级部队组成，并在敌方组织反击之前撤退。

两栖夺占是夺取一个孤立于敌主要增援力量的小型目标。这种作战的目标通常是一座岛屿，但有时也可能是一座与外界分离的机场或船舶锚地。由于被攻击目标处于与外界隔绝的状态，因此进攻方没有必要迅速向目标纵深地带推进，或攻占一个港口用于大型运输舰船卸载重装地面部队。

两栖试探的特点是攻占敌防御较薄弱的地区，并测试敌军反应。这是袭击、佯攻或攻占战法的结合，它主要取决于敌方如何做出反应。这种战术通常由一个轻装营的部队实施，从而能够在敌军发动反击的情况下迅速撤退。

两栖进攻主要是为打开港口通道，确保部队的迅速到达以及支援更大规模后续部队。这是规模最大且复杂程度最高的两栖作战方式，在这种战法中，进攻速度是关键因素，它可让迅速部署的大规模后续部队充分发挥战略作战的突然性效果。

而两栖撤退由海路撤出地面部队。最著名的战例是英国陆军在敦刻尔克以及美国海军陆战队在朝鲜兴南的撤退。

美国的两栖攻击舰队，开头第一艘为“塔拉瓦”级两栖攻击舰，其它为“黄蜂”级两栖攻击舰。

> “黄蜂”级攻击舰增强了美国海军的作战能力
> “黄蜂”级攻击舰可承担攻击任务和反潜任务

“黄蜂”级攻击舰

“黄蜂”级是美国海军建造的新一级多用途两栖攻击舰，它是美国海军专为搭载 AVSB“鹞”式垂直起降飞机和新型 LCAC 气垫登陆艇而设计的。该级舰集直升机攻击舰、两栖攻击舰、船坞登陆舰、两栖运输舰、医院船等多种功能于一身，是名副其实的两栖作战“多面手”。“黄蜂”级也是未来美国海军的主要两栖战舰。

改进的舰艇

“黄蜂”级攻击舰是美国海军为进一步提高两栖作战能力，并考虑到“硫黄岛”级将在90年代达到使用期限，美国决定再建一级新的多用途两栖攻击舰。鉴于塔拉瓦级造价偏高，原打算将黄蜂级建成比塔拉瓦级吨位小，造价低的两栖攻击舰，但建造中改变计划，建成时吨位、作战能力均超过塔拉瓦级，成为世界上最大的两栖攻击舰。它的主要使命是载运改型鹞式飞机、直升机和气垫登陆艇，用于装载、运输、展开和支援登陆部队。该级舰共建 8 艘，已经全部建成服役。

与“塔拉瓦”级相比，“黄蜂”级的船体约加长 7.31 米，排水量增至40532 吨，机库长度增加到舰长的1/3，而其中唯一没有产生多大变化的是它的宽度。

舰上设有舱室集中保护装置，可在核化条件下作战。

“黄蜂”级两栖攻击舰上装备的雷达主要包括 SPS 52C 型对空搜索雷达（LHD-1)/SPS 48E 型对空搜索雷达；SPS 49(V)5 型对空搜索雷达；SPS 67 型对海搜索雷达；SPS 64(V)9 型导航雷达；SPN 35A 型控制雷达；SPN 43B 型空中管制雷达；2 部 Mk95 型火控雷达。

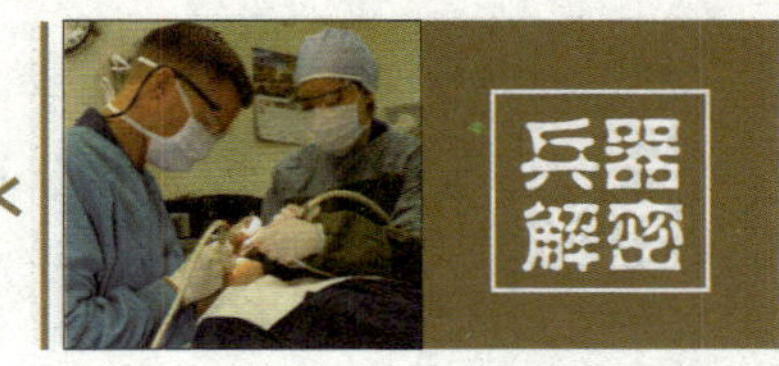

与航母相媲美

“黄蜂”级两栖攻击舰乍一看去，通常会以为看到了一种新型航母。这个排水量超过 4 万吨的“大家伙”，不但设有可以比拟航母的超大机库的飞行甲板，还装有美国航母的招牌武器——“海麻雀”舰空导弹和“密集阵”防空系统，此外它还可搭载 42 架 CH46 直升机或 6 架 AV8B 战斗机，这些武器与航空母舰的武器配置类似，俨然一艘小型航空母舰。

搭载直升机最多的舰艇

该级舰是目前世界上两栖舰艇中吨位最大、搭载直升机最多的舰艇。其机库面积 1394 平方米，有 3 层甲板高，可存放 28 架 CH46E 直升机。飞行甲板上还可停放 14 架 CH46E 或 9 架 CH53E 直升机。舰尾部机库甲板下面是长为 81.4 米的坞舱，可运载 12 艘 LCM6 机械化登陆艇或 3 艘 LCAC 气垫登陆艇。坞舱前面是一个两层车辆舱，可装载坦克、车辆约 200 辆。“黄蜂”级舰携载登陆部队及其装备物资的能力也是很强的，能搭载 74 名登陆人员、5 辆 M1 型坦克、25 辆轻型装甲车、8 门 M198 榴弹炮、68 辆卡车、1 辆燃料车及其他类型车辆。

兵器简史

首舰“黄蜂”号于 1989 年服役。其满载排水量 40532 吨，舰长 250 米，舰宽 32.3 米，吃水 8 米，航速 23 节，编制 1080 人。装备 2 座 8 联装 MK25“北约海麻雀”导弹、3 座 MK16“密集阵”近距离武器系统。可载 30 架直升机和 6—8 架 AV-8B 或 20 架 AV-8B 和 4—8 架 SH-60B 飞机。

CH-46E“海上骑士”直升机正飞离“黄蜂”级两栖攻击舰上的甲板

完善的指挥控制系统

由于“黄蜂”级舰增强了指挥、通信和控制能力，因此它可作为两栖作战的指挥舰，对一场旅级规模的两栖攻击战进行指挥和控制。

“黄蜂”级有完善的指挥控制系统，而且指挥、控制、通信和情报部门设在主甲板下的舱内，设置关键设备的舱室有“凯夫拉”装甲。

浮动的“海上医院”

“黄蜂”级两栖攻击舰还是一座浮动的、大型的“海上医院”。该级舰备有良好齐全的医疗设施，包括 1 个 600 张病床的医院、6 个手术室、4 个牙科治疗室、1 个 X 射线室、1 个血库和几个化验室等。为便于伤病员的运输，还配备有专用的升降机。

兵器知识

> 布雷舰战时布雷，平时兼作多种用途
> 布雷舰分为远程布雷舰和基地布雷舰

布雷舰

布雷舰是专门用于布设水雷的水面战斗舰艇。可在基地、港口、航道和近岸海域及江河湖泊水域进行防御布雷和攻势布雷。包括远程布雷舰、基地布雷舰和布雷艇等。有专门设计制造的，也有用其他舰艇或商船改装而成的。布雷舰装载水雷较多，布雷定位精度较高，但隐蔽性较差，防御能力较弱，适合在己方兵力掩护下进行防御布雷。

发展简史

1892年，俄国最早建成了两艘布雷舰。在1904—1905年的日俄战争中，交战双方都用布雷舰艇在中国旅顺口外进行水雷战。第一次世界大战中，出现巡洋布雷舰、驱逐布雷舰、高速布雷舰、舰队布雷舰、近海布雷舰和布雷艇等。参战各国的布雷舰艇与其他舰艇共布设30万枚锚雷，在战争中发挥了作用。第二次世界大战中，布雷舰艇得到进一步发展，苏、德等国还专门建造了布雷潜艇。第二次世界大战后，由于航空兵和战斗舰艇的发展，使用布雷舰艇到敌方基地、港口进行攻势布雷日益困难，一些国家海军趋向于改用潜艇和飞机进行攻势布雷，其他水面舰艇也可用于布雷，不再建造专用布雷舰艇。只有少数国家在新建布雷舰，并用以兼作扫雷母舰或训练舰。

布雷方式

布雷舰的排水量500至6000吨，航速12至30节，可载水雷50至800枚；布雷艇

潜艇布雷

当今世界各国拥有专用布雷舰的海军非常有限，其中最突出的有瑞典、土耳其、日本、俄罗斯等。瑞典现役拥有2级布雷舰、2级布雷艇。其中“卡尔斯克鲁纳”级是瑞典海军为了使用水雷武器而专门研制的一级布雷舰。

兵器简史

第二次世界大战时期，日本曾经突袭美国珍珠港，致使美国海军舰队损失惨重。当时，美国舰队由一艘名叫奥格拉拉”号布雷舰被击沉。“奥格拉拉”号建成于1907年，是珍珠港内最老的军舰。这艘军舰早已极少升火起航，据说连烟囱里也有海鸟筑巢，所以美军最后没有对其进行修复。

的排水量在500吨以内，航速10—20节，可装载水雷50枚以内。

布雷舰艇设有专门的水雷舱、引信舱、升降机、温湿度调节装置和布雷操纵台等。在舰尾甲板上设有2—4条雷轨，水雷布放前，在雷轨上作最后准备。布放时，水雷在雷轨上经链条输送机和布雷斜板按一定的时间间隔投布入水。装备有较完善的导航设备，以保证布设水雷雷阵的精确位置和水雷间隔，并装备有少量自卫武器。

基本使命

布雷舰艇的基本使命就是在本国沿海海域布设阵地雷阵和防御雷阵，也可兼负各种训练、供应、支援等任务。布雷舰的核心部分是雷舱，通常占舰长的2/3以上。雷舱内设有多条布雷轨和灭火、通风等安全设施。舰上还设有水雷调整室、布雷指挥室及相应设备。起重机、升降机及转盘机等设备，可将水雷从码头吊装、转运至雷舱内并贮放在雷轨上。布放水雷时，水雷借助于驱动装置沿雷轨向舰屋移动，经由布雷机通过开启的尾门布入水中。

布雷舰装载水雷较多，布雷定位精度较高，但隐蔽性较差，防御能力较弱，适合在己方兵力掩护下进行防御布雷。所以，一些国家新造布雷舰主要用于近海和沿岸布设防御水雷，一般是一舰多用，在设计时就考虑以布雷为主。布雷舰战时布雷，平时兼作扫雷母舰、训练舰、潜艇母舰、快艇母舰、指挥舰和供应舰等。

海湾战争中的水雷战

海湾战争期间，在强大海军压境的情况下，伊拉克为了防止多国部队从海上登陆，采用布雷舰、潜艇和飞机在近岸海区布放了10余种二千五百多枚水雷。这些水雷除了给多国部队造成巨大心理威胁外，还直接炸伤了“特里波利”号两栖攻击舰、“普林斯顿”号导弹巡洋舰、“领袖”号扫雷舰及其他多国部队舰艇。多国部队共派出了21艘新型猎雷舰、10艘由扫雷舰改装的猎扫雷舰、2艘扫雷控制舰及6艘“特洛依卡”遥控扫雷艇、6架反水雷直升机及9艘海洋调查船和支援舰，从1991年元旦到9月，共清除各种水雷1239枚。

水雷

兵器知识

> 扫雷舰艇的玻璃钢船体结构更加安全
> 扫雷母舰可担任旗舰和指挥舰

扫雷舰艇 >>>

扫雷舰艇是专用于搜索和排除水雷的舰艇。它们主要担负开辟航道、登陆作战前扫雷以及巡逻、警戒、护航等任务。扫雷舰艇自20世纪初问世以来，在战争中得到广泛使用。20世纪70年代以后，一些国家相继研制出了玻璃钢船体结构的扫雷舰艇、艇和扫雷具融为一体的遥控扫雷艇、气垫扫雷艇等，大大提高了排扫高灵敏度水雷的安全性。

几种分类

扫雷舰艇主要分为舰队扫雷舰、基地扫雷舰、港湾扫雷艇和扫雷母舰等种类。

舰队扫雷舰，也称大型扫雷舰。这种扫雷舰的排水量在600—1000吨，航速14—20节，舰上还装有各种扫雷具，可扫除布设在50—100米水深的水雷。

基地扫雷舰也叫中型扫雷舰，排水量500—600吨，航速10—15节，一般可扫除30—50米水深的水雷。

港湾扫雷艇亦称小型扫雷艇，排水量多在400吨以下，航速10—20节，吃水浅，机动灵活，用于扫除浅水区和狭窄航道内的水雷。

美国MSS-2扫雷艇在海防港进行水雷排查

兵器简史

美国和加拿大海军的水雷战舰艇在“环太平洋”2004演习进行水雷战演练。美国的“复仇者”号反水雷舰、“防御者”号反水雷舰和英国的“布兰登”号水雷战舰艇参加了这次演习。共有7个国家的海军参加了此次演习，这是迄今在太平洋举行的最大规模的海上演习。

扫雷母舰的排水量达到数千吨，包括扫雷供应母舰、舰载扫雷艇母舰和扫雷直升机母舰。

大战中的表现

第二次世界大战中，出现了磁性水雷，音响水雷和水压水雷。这种水雷沉在海底，靠舰艇航行时产生的磁场、音响和水压的变化使水雷感应而爆炸，属非接触式水雷。

相应地，为了对付这几种新型水雷，出现的扫除磁性水雷的是电磁扫雷具，扫除音

俄罗斯的12650型“宝石”基地扫雷舰主要用于寻找、辨别、摧毁港湾、航线及近海水域内的各种沉底水雷、锚雷、漂雷，保护潜艇、水面舰艇和各种辅助船只出海及返航安全。该艇长50米，宽9米，最大排水量460吨。

响水雷的是音响扫雷具，能同时扫除磁性水雷和音响水雷的是联合扫雷具。

当时英国还发明了一种浮水扫雷电缆，而德国有一种浮舟式扫雷具，其基本原理都是在大面积范围内产生电磁场，以引爆磁性水雷。

“复仇者”级扫雷舰

第二次世界大战之后，美国海军一度忽视了反水雷舰艇的建造与使用，以致在局部海战和冲突中吃亏不少。20世纪70年代末，美海军决定加强反水雷舰艇的研制，“复仇者”级猎/扫雷舰就是其中一级。

“复仇者”级扫雷舰是美海军于20世纪80年代发展起来的一级大型反水雷舰艇，目前是美国反水雷作战的主力舰型。该级舰艇是美国海军从老式木船壳反水雷舰到玻璃钢船壳反水雷舰的过渡产品，采用玻璃钢覆盖木船壳的设计思想。首舰于1987年开始装备部队，共建造了12艘。“复仇者”级安装有多种反水雷装备，包括变深声纳系统、灭雷系统、扫雷系统、精确导航系统及一些辅助设备，兼有猎雷和扫雷能力。

作为一级较新型的远洋深水反水雷舰，“复仇者”有许多独到之处。第一，该舰舰体采用多层木质结构，且外板表面包有浸以环氧树脂的多层玻璃纤维；船体具有高强度、耐冲击、抗磨擦等特点。第二，探雷设备较先进。舰上装有变深声纳，这型声纳可发现布在水中的水雷。第三，灭扫雷系统较完善。灭雷器具首部甚至配有声纳，首、尾均装有摄像机，以及照明灯、炸药包等。第四，舰上综合导航系统精度高。该系统处理和发送导航数据与目标指示数据的精度为几米，能保证高精度地确定本舰和水雷的位置坐标。

兵器知识

> 猎潜艇能够袭击敌中、小型水面舰艇
> 猎潜艇能够在布雷舰艇缺乏时实施布雷

猎潜舰

猎潜艇是以反潜武器为主要装备的小型水面战斗舰艇。主要用于在近海搜索和攻击潜艇，以及巡逻、警戒、护航和布雷等。猎潜艇体积小、吃水浅，机动灵活，使潜艇难以将其锁定为攻击目标。即使潜艇用导弹和鱼雷攻击猎潜艇，由于命中率很低，很容易造成攻击不成，反而给猎潜艇造成良好战机，被猎潜艇消灭掉的局面。

发展简史

第一次世界大战时期，就已经出现了猎潜艇的影子。当时的猎潜艇，排水量一般不超过100吨，航速约10节左右，而且没有声呐等搜索设备，仅仅只能使用光学仪器、深水炸弹和舰炮来搜索攻击浮出水面或处于潜望镜状态的潜艇。

二战中的法国猎潜舰

经过发展，到了第二次世界大战时，猎潜艇的性能已经有了较大的提高。不但排水量和最大航速大幅度提高。更是在艇上装备了火箭深水炸弹或刺猬弹、大型深水炸弹发射炮或投掷器等反潜武器和声呐、攻潜指挥仪等设备。

20世纪50年代以后，猎潜艇进入现代化阶段。以自导鱼雷为主要反潜武器；装备有性能优良的舰壳声呐、拖曳声呐和指挥控制自动化系统；采用轻型大功率柴油机－燃气轮机联合动力装置或全燃动力装置，最大航速40—60节；船体多采用铝合金材料，在船型上运用水翼技术，其机动性、适航性、搜潜和攻潜能力大为提高。

优势明显

虽然猎潜艇的吨位小，但它装备的反潜兵器还是比较强的：性能较好的声纳，能对潜艇进行严密的搜索，及时发现潜艇，特别是以编队对常规潜艇进行搜索，效果更佳；威力大、命中率高的反潜鱼雷、较多的反潜火箭、深水炸弹及其发射装置，能单独对敌

美国、加拿大等国建造的水翼猎潜艇，排水量 230—400 吨，船体为铝合金材料，采用燃气轮机或柴油机－燃气轮机联合动力装置，最大航速 45—60 节，装备有反潜鱼雷、舰壳声呐或拖曳声呐，以及舰炮等。

潜艇进行猛烈而连续的攻击。此外，猎潜艇还能与航空兵、其他水面舰艇和潜艇、海岸声纳站协同对敌潜艇实施搜索和攻击。

除此之外，猎潜艇还有一大特点就是造价低，它只有驱逐舰造价的 1/10 左右。另外，它的建造周期也较短，这就有便于战时大量生产以适应战争的需要。

劣势和改进

猎潜艇的一些劣势也是显而易见的：首先，这种艇的吨位较小，只能装小型声纳，其回音工作距离比较小，这无疑对搜索和攻潜受到一定限制；其次，由于适航性较差，一旦海况不佳，猎潜艇就很难出海执行战斗任务；最后还有一点，就是猎潜艇的航速不高、跑得也不远，这就使其在对付核潜艇上受到一定的限制。

为了回避这些劣势，猎潜艇的未来发展方向为提高航速和适航性，增强搜索潜艇的能力和反潜武器的威力，更多地建造全浸式自控双水翼猎潜艇，发展喷水推进系统，进一步应用气垫技术，普遍装备作战指挥自动化系统。

兵器简史

在第二次世界大战中，前苏联的猎潜艇部队经常为驱逐舰、炮舰、运输船等护航。在护航中，经常碰到企图攻击被护送的舰艇和运输船的德国潜艇、飞机和快艇，猎潜艇进行了有力的还击，击沉（或击落）了多艘舰艇和飞机，安全地护送舰艇和运输船舶到达目的地。

猎潜舰"RSS 胜利"号到达达尔文港进行训练

"蜘蛛"导弹级猎潜艇

前苏联"蜘蛛"级导弹猎潜艇的标准排水量为 510 吨、满载排水量 580 吨。艇长 58 米，宽 10.5 米，吃水 2.5 米，航速 34 节，编制人数 40 人。艇上配有 1 座四联装 SA－N－5 舰对空导弹发射架，1 座 76 毫米单管两用全自动火炮，1 座 30 毫米六管全自动速射炮，2 座 RBU1200 五管反潜火箭发射器和 4 个 406 毫米反潜鱼雷发射管。另外还装备 2 个深水炸弹浪架和 12 个深水炸弹。

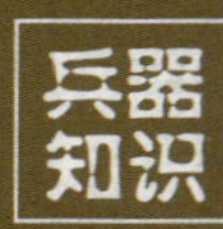

兵器知识

> 最早的导弹艇是用鱼雷艇改装而成的
> 导弹艇比鱼雷艇更具有战斗力

导弹艇

导弹艇是一种装载有导弹的小型军用舰艇，它是在20世纪50年代以后新出现的一种军舰。导弹艇因为携带有可以远程打击的导弹，因此对敌方军舰的威胁非常大。导弹艇的行驶速度也非常快，能够出其不意打击对方，因此得到各国海军的重视。该艇具有吨位小、航速高、机动灵活的优点，但同时因为续航能力较小，就使得自卫能力差。

挪威“盾牌星座”导弹巡逻艇的秀美外观、独特的隐形设计使许多舰船专家惊叹。

“穷国的武器”

1959年，前苏联率先在P6级鱼雷艇上去掉鱼雷发射管，换装了刚刚研制成功的“冥河”反舰导弹，这就是世界上第一批导弹艇“蚊子”级。其满载排水量只有75吨，航速为每小时70千米，可以装载2枚导弹。

自导弹快艇问世以后，由于它具有艇体小，威力大，相应的技术装备也少，造价低廉，制造和维护保养方便等特点，一些中小发展中国家纷纷装备使用导弹艇。可是这种舰艇在诞生以后很长时间内并没有引起西方国家的注意，因为西方国家觉得这样的小艇简直称不上是军舰，只有穷国没有办法才拿来凑数的，因而把导弹艇称为“穷国的武器”。

“蚊子”吃“大象”

1967年10月21日，埃及海军的3艘“蚊子”级导弹快艇在埃及塞得港外的马纳湾海域，用“冥河”导弹一举击沉了排水量为1710吨的以色列海军“埃拉特”号驱逐舰，首开反舰导弹击沉水面舰艇的先河，震惊了全世界，给世界海军带来了巨大冲击。西方海军强国惊呼：“蚊子”居然吃掉了“大象”。这个小艇创大舰的奇迹，使西方国家海军改变了对导弹快艇的看法，也纷纷研制、发展导弹快艇。

1973年10月的第四次中东战争中，以色列的“萨尔”级和“雷谢夫”级导弹艇，成功地干扰了埃及和叙利亚导弹艇发射的几十枚“冥河”式导弹，使其无一命中；同时，

使用“加布里埃尔”式舰对舰导弹和舰炮，击沉击伤对方导弹艇12艘，显示了导弹艇在冲突战中强大的作战能力。

“海洋轻骑兵”

导弹艇的优势非常明显，因此有“海洋轻骑兵“的美称。其特点概括下来主要有以下几点。

首先是吨位小、排水量小，吃水浅，所以它的隐蔽性好，可以利用沿海岛屿、礁石、港湾，甚至海上航行的船舶作掩护，再加上适当伪装，可以在狭窄的航道上迅速地进行兵力集中和疏散，可以隐蔽地对敌舰进行突然袭击。

其次是航速高，机动灵活。它们的航行速度一般是30—40节，有的可达50节，甚至更高，续航能力为500至3000海里。导弹快艇之所以航速高，是由于它的艇型特殊，采用了高速快艇艇型，使得艇体或者部分艇体离开水面，大大减少了水阻力。同时艇上装备有大功率发动机，所以，导弹快艇航速高，属于高速舰艇之列。

第三个特点是战斗威力大。导弹快艇上的主要武器是导弹，导弹武器攻击距离远、命中力高，战斗威力大。所以，以导弹为主要武器的导弹快艇具有强大的突击威力。

虽然导弹快艇的性能特点与鱼雷快艇基本相同，但由于导弹在攻击距离，攻击准确性和突然性等方面远远优于鱼雷，所以导弹艇具有更强的战斗力。

“萨尔”级导弹艇

20世纪60年代前期，前苏联建造的“黄蜂”级导弹艇大量出口到中东地区，以色列马上意识到了导弹艇的严重威胁。于是，在引进了首批“萨尔”级导弹艇后，以色列便

“萨尔”4导弹艇

兵器简史

俄罗斯在导弹艇的设计和建造方面居于世界领先地位。早在1957年，前苏联就率先从导弹艇上发射了反舰巡航导弹。目前，全球共有50多个国家拥有现役导弹艇，总量达700多艘。主要的导弹艇建造国有俄罗斯、德国、中国、以色列、意大利、瑞典、韩国和挪威，这些国家拥有的导弹艇数量，约占全球总量的三分之一。

在国外成熟技术和设计的基础上，开始了自主设计和建造导弹艇的进程。

经过努力，在短短几年后，以色列便先后建造了“萨尔”2、“萨尔”3、“萨尔”4等几种型号的导弹艇。

其中“萨尔”4导弹艇是“萨尔”3导弹艇的放大型，其标准排水量为415吨，最高航速32节，具有比“萨尔”3更大的续航力和自给力。该导弹艇装有两座3联装旋转式“迦伯列”导弹发射装置，2座76毫米炮和2座20毫米炮，装备有少量的反潜武器和比较完善的电子设备。

而以色列在建造450吨型“萨尔”4级大型导弹艇之后，便开始计划再建造850吨的“萨尔”5级。该级导弹艇的首艇建造2艘，后续计划再建6艘。

有人将“萨尔”5称为轻型护卫舰，这是因为该级艇是以色列海军介于500吨型艇与1000吨轻型护卫舰之间的中间型，具有快艇的高航速、高机动性和轻型护卫舰的作战半径、人力和搜索探测能力。

该型艇的设计吸取了以色列最新型战斗艇的技术成就，推进系统采用柴一燃联合动力装置，最大航速达42节。艇上除了装有较先进的武器系统和探测系统外，还改善了居住环境。除此之外，该艇还在其他许多方面也进行了不同程度的改进。

德国“猎豹”级导弹艇

“猎豹”级是德国海军最后一种至今仍在服役的导弹艇。该级导弹艇自2008年起逐渐被新型的“布伦瑞克”级替代，计划到2015年为止完全退役。“猎豹”级导弹艇最大的特点是使用小型的凶猛野生动物来为其命名，这些名字包括猎豹、美洲狮、鼬鼠、水貂、雪貂等。艇上武器装备主要包括一座奥托76毫米舰炮、四枚MM38飞鱼反舰导弹、一座21联装拉姆防空导弹发射器 、两挺MG50型机枪和水雷布设装置等。

导弹快艇

导弹快艇是在鱼雷艇基础上发展起来的，它的艇型与鱼雷艇相仿，有滑行艇型、水翼艇型、气垫艇型等多种，近来还出现了双体型和隐形导弹快艇。

根据排水量的不同，导弹快艇可以分为大、中、小三型。大型导弹快艇排水量在200

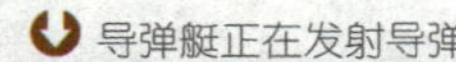
导弹艇正在发射导弹

“蚊子”级导弹艇是前苏联建造的第一种导弹快艇，也是世界上出现最早的导弹艇。艇长26.8米，宽6.1米，吃水1.5米，续航力为600海里/16节，艇员19名。主要武器装备有1座双联装SS-N-2冥河式反舰导弹发射器、1门双管25毫米半自动火炮。

至600吨之间，长50—60米，宽10多米，高2米，如俄罗斯“闪电”级导弹快艇，艇长56.9米、艇宽13米、吃水2.65米，满载排水量550吨。又如英国的“坚韧”级导弹快艇，艇长56.9米、艇宽13米、吃水2.65米，满载排水量550吨。中型导弹快艇排水量在100—200吨之间，艇长40—50米，宽7—8米。小型导弹快艇排水量只有几十吨，长20—30米，宽5—6米，高2米，如前苏联“蚊子”级导弹艇满载排水量为75吨。

导弹护卫艇

导弹快艇的主要武器是导弹，一般艇上会装有对舰导弹2—8枚，它们是一种巡航式舰对舰导弹，外形像飞机，弹体上有翅膀，尾部有尾翼，用来对付水面航行的军舰；有的导弹快艇装备有舰对空导弹，用来对付空中目标。导弹快艇上除了装备导弹武器外，还装有舰炮，通常艇上装有2座舰炮，口径20—76毫米，主要用于自卫。有的大型导弹快艇还装备有鱼雷、水雷、深水炸弹，还有搜索探测、武器控制、通信导航、电子对抗和指挥控制自动化系统。

现代导弹快艇的发展方向

导弹快艇是海上轻骑兵，活跃在现代海战舞台，并将在未来海战中发挥重要作用。根据世界各国导弹快艇发展情况来看，现代导弹快艇有两个方向发展。

首先，要增强导弹快艇的攻击威力和自卫能力。为了增强导弹快艇的攻击威力，导弹快艇上装备的导弹应具有以下特点：一是改进艇上装备的对舰导弹，减轻弹体重量，减小其尺度，降低飞行段弹高，能贴近海面飞行，使敌方难于发现它，或者只留给敌舰极短时间，不能进行有效防护。二是增强导弹的威力，以增大杀伤力；配备末制导装置，提高命中率；增大射程，掌握作战主动权。三是结构要简单，减轻弹体重量，减少弹体尺度，便于运载，装填要方便，能在海上进行导弹补给。

同时，要提高导弹快艇的本身性能，包括续航距离、航速、机动性及海上航行性能。为了提高导弹快艇的海上航行性能可以采取以下措施：一是增大排水量，这样可以多装燃料，多装机器设备，提高续航距离。二是采用新的艇型，如采用水翼艇型、气垫艇型、地效翼艇型、双体艇型，使艇体部分或全部离开水面，以提高航速，改善艇的航行性能。三是采用的大功率发动机，采用高效率推进器，以进一步提高导弹快艇的航速，增强其突击威力。

兵器知识

> 鱼雷艇造价低廉，制造容易，使用方便
> 鱼雷艇在二战中取得了较大的战果

鱼雷艇 》》》

鱼雷艇是以鱼雷为主要武器的小型高速水面战斗舰艇。主要在近岸海区与其他艇“协同”对敌大中型水面艇实施鱼雷攻击。鱼雷艇具有体积小，航速高，机动灵活，隐蔽性好，攻击威力大的特点，但适航性差，活动半径小，自卫能力弱。由于其造价低廉，制造容易，使用方便，加之性能不断提高，因此它的发展仍受到当今世界各国的重视。

问世之初

鱼雷艇诞生于 19 世纪 60 年代美国南北战争期间的北部联邦同盟海军之中。当时还没有鱼雷，它只是一艘装有水雷的普通汽艇，艇头绑着一根木杆，水雷安装在木杆顶，从艇首伸出，通过拉一根牵索，使一个小葡萄弹落下，撞击发火帽引炸水雷。北部联邦同盟海军曾于 1864 年 10 月使用该艇击毁敌方的“阿尔贝马尔”号军舰。

两年后，在奥匈帝国工作的英国工程师 R ·怀特黑德发明了世界上第一条能够自动航行的水雷。由于它能像鱼一样在水中运动，因而被称为鱼雷。

最初，鱼雷只是被装在灵活机动的小艇上，用来攻击敌舰。1877 年，英国制造出了专门发射鱼雷的鱼雷艇“闪电”号，并将其命名为海军的“1 号鱼雷艇”。该艇在风平浪静的海面上具有 19 节的航速，而其所装备的鱼雷则能以 18 节的航速航行 584 米。

鱼雷艇的模型

鱼雷艇的主动力装置多数采用高速柴油机，少数采用燃气轮机或燃气轮机-柴油机联合动力机，航速40—50节。装备有鱼雷2—6枚，单管或双管25—57毫米舰炮1—2座，有的还装备有火箭深水炸弹发射装置、拖曳或声呐和射击指挥系统。

意大利鱼雷艇 MS36

鱼雷艇就此问世。

几乎与英国同时，俄国建造的“切什梅”号和“锡诺普”号水雷艇也可看作是最早的原型鱼雷艇。1887年1月13日，“切什梅”号和“锡诺普”号第一次用鱼雷击沉了土耳其海军的“国蒂巴赫”号通信船。由于鱼雷艇创造了小艇打大舰的奇迹，使这种舰艇迅速地引起了人们的重视。

此后，欧洲各国海军都相继制造和装备了鱼雷艇，鱼雷艇的性能也不断得到改善。

战争中的历练

鱼雷艇在海上作战的历史有一百多年，在两次世界大战中，鱼雷艇都取得了较大战果。

在第一次世界大战中，鱼雷艇在海战中作用特别大。1917年，奥地利的巡洋舰“维也那”号、俄国巡洋舰“阿柳格”号都是分别被意、英鱼雷艇击沉的。1918年6月10日，2艘意大利鱼雷艇用2发鱼雷就击沉了奥匈帝国的万吨级战列舰“森特·伊斯特万”号。

第二次世界大战后，鱼雷艇的技术性能有所提高，但由于导弹艇的问世，鱼雷艇的作用降低，而其体积小、航速快，吃水浅、灵活性强等特点被现代导弹艇所借鉴。英国等国的鱼雷艇参加了约800次战斗，击沉敌方舰船约400艘。前苏联海军用鱼雷艇对德国舰船攻击385次，发射鱼雷539枚，击沉舰船209艘。

现代鱼雷艇的种类

根据排水量和尺度，现代鱼雷艇一般可分为大鱼雷艇和小鱼雷艇。大鱼雷艇的排水量为60吨—100吨，有些还在1000吨以上，续航力为600—1000海里。可远离基地在恶劣气象条件下进行活动。一般装2—4座鱼雷发射装置，个别的设有6座鱼雷发射装置。多数大鱼雷快艇可携水雷、1—2枚深水炸弹、少量烟幕筒，通常还装备高射武器。小鱼雷艇的排水量为60吨以下，续航能力为300—600海里。艇上一般装2座鱼雷发射装置。1—2门小口径高炮或2—4座大口径高射机枪。小鱼雷艇只能在近岸或风浪较小的海域进行战斗活动。

兵器简史

现代海战史上，鱼雷艇击沉的最大的军舰是美国巡洋舰“芝加哥”号。1950年7月1日，美国1.3万吨的重巡洋舰“芝加哥”号，在两艘驱逐舰掩护下，航行到朝鲜东海岸。朝鲜军队出动了4艘鱼雷艇迎战，这4艘鱼雷艇发射的鱼雷最终使“芝加哥”号巡洋舰葬身海底。

移动领土

航空母舰是大海上浮动的战场，享有“海上霸王”的美誉，是海军装备中一种年轻但又充满威慑力的大型军舰。航空母舰的主要战斗力量是它载有的几十架作战飞机，它相当于把一个空军的作战基地以最快速度移动到战事发生地，给敌人以猛烈的攻击。航空母舰虽然是一种比较年轻的舰种，但它却是一个海军强国的重要象征。

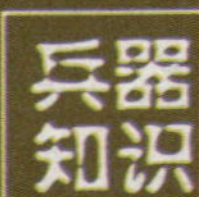

兵器知识 > 尤金·伊利驾驶飞机从巡洋舰上起飞
英国飞行员首次从航行的船只上起飞

航母的诞生

航空母舰的诞生，是世界近代海军史上最为重大的事件之一。从法国发明家克雷曼·阿德的伟大构想开始，英、美、日等国便开始了对于这种新舰种的不断的尝试。这期间，虽然经历了种种失败，但在不断的改进工作中，航空母舰终于诞生出来。由于航空母舰能够使飞机离开陆地在海上进行起飞、降落及补给，因此被誉为“海上浮动机场”。

航母蓝图的构筑

克雷曼·阿德是法国著名的发明家，1909年，他创造性地提出了将飞机与军舰结合这个充满魅力的构想。他还在《军事飞行》一书中，首次明确地提出了航空母舰的基本概念和建造航母的初步设想，并史无前例地使用了“航空母舰”这个概念。

尽管克雷曼·阿德的想法非常具有开拓性，可是法国军方却没有对这种所谓的“航母”产生多大的兴趣。值得庆幸的是，阿德的创意却引起了海峡对面的英国人的热烈的反响，并为英国人实现航母之梦带来了希望之光。

划时代的试飞

航空母舰的发明虽然源自法国人的奇思妙想，但最早将其付诸实践的却是美国人。1910年12月14日，美国飞行员尤金·伊利驾驶“柯蒂斯”飞机，从“伯明翰”号巡洋舰前部加装的平台上实现了起飞。

当时，“伯明翰”号轻巡洋舰静静地停泊在美国东海岸汉普顿的锚地，它的舰首甲板上铺设着木制飞行跑道。这条26米长的跑道从巡洋舰的舰桥开始向前甲板延伸，在跑道的起点处停放着一架“柯蒂斯”单座双翼民用飞机——“金鸟”号。

这次试飞本来计划是在军舰逆风航行时进行，谁知海上突然刮起了狂风。于是，驾驶员伊利决定将这次试验改为在军舰停泊时起飞。

飞机很快便顺利地发动了，但由于滑跑距离太短，它未能达到应有的起飞速度。这时，发生了一段小插曲：刚一离开甲板，“金

兵器简史

1917年3月，英国海军决定将一艘正在建造中的大型巡洋舰“暴怒”号改建为飞机母舰。“暴怒”号的前主炮被拆除，在舰体的前半部加装了69.5米长的飞行甲板，铺设了木制的飞行跑道。改装后的“暴怒”号被称为“飞机载舰”，但是，由于舰上高耸的塔式桅杆和烟囱的阻碍，起飞后的飞机无法返回母舰。

鸟”号便因升力不足而越飞越低，几乎是径直向海面冲去。在这千钧一发的重要时刻，伊利沉着而巧妙地操纵着飞机的尾水平舵，终于在扎进大海前的一刹那将那只不听话的“金鸟”号给拉升起来，使其又在海面上飞行起来。

伊利驾驶了几千米，最后在海滩附近的一个广场上安全着陆，而观看此次飞行的人群也毫不吝啬地将掌声和欢呼声送给了创造这次划时代试飞的伊利。

次年1月18日，飞机着舰试验在美国西海岸的旧金山进行。这一次的试飞员仍然是伊利，军舰则换成了重巡洋舰“宾夕法尼亚”号。这两次实践证实了在舰上起降飞机的可能性，开创了飞机上舰之先河。

伊利的试飞试验，可以说是航空母舰发展史上的里程碑，它证明飞机完全可以从军舰上起飞和降落并执行战斗任务，它奠定了航空母舰作为一种新型战舰的生存基础。不久的将来，作为主宰海空战场的新一代海上霸王，航空母舰将正式走上历史舞台。

正在做起飞前准备的尤金·伊利

航母的雏形“百眼巨人”号

从1917年开始，英国海军将建造中的客轮“卡吉林”号改装成世界上第一艘具有全通飞行甲板的航空母舰——“百眼巨人”号。舰上原有的烟囱被拆除，从而清除了妨碍飞机起降的最大障碍。飞行跑道前后贯通，形成了全通式的飞行甲板，极大地方便了舰载机的起降作业，这种结构的航母被称为“平原型”。“百眼巨人”号已经具备了现代航空母舰所具有的最基本的特征和形状，可以看作是现代航母的雏形。

1918年5月，“百眼巨人”号的改装工程完工。该舰标准排水量为1.445万吨，最大航速20节，可搭载飞机20架。同年的9月，该舰编入英国皇家海军的作战序列。

然而，由于此时第一次世界大战已经接近尾声，匆忙入役的“百眼巨人”号尚未来得及接受战火的洗礼，战争便结束了。所以，“百眼巨人”号没有在战争中真正的一

美国飞行员尤金·伊利驾驶“柯蒂斯”飞机，从经过改装的轻型巡洋舰“伯明翰”号上徐徐拉起，升入空中。当时的改装极为简单，只是在舰首加装了长25.3米、宽7.3米的木质跑道。

“百眼巨人”号航母使用一种“杜鹃”式攻击机，机翼可以折叠，能携带一颗450千克重的457毫米鱼雷，是当时一款优秀的舰载攻击机。

显身手。但是，作为世界上第一艘具有全通飞行甲板的航空母舰，“百眼巨人”号在航母发展史上的开拓性地位是无法抹杀的。

开创先河的“竞技神”号

1918年，英国海军动工兴建“竞技神”号航空母舰，它在航母发展史中具有特殊意义，因为它的岛式结构非常成功，奠定了现代航空母舰的基本结构，并且一直沿用至今。

“竞技神”号航空母舰是英国皇家海军于1917年订购建造的航空母舰，被认为是现代航空母舰的始祖。“竞技神”号是采用全新设计的航空母舰：有全通式飞行甲板；封闭式的舰艏，具有较强的抗浪性；将舰桥、桅杆和烟囱合并成大型舰岛位于全通式飞行甲板右侧舰体右舷，这是航空母舰首次采用岛式上层建筑设计。这种设计相当有创造性，既有利于飞行和航行指挥，又比侧向烟囱和可放倒式烟囱拥有更高的强度且对舰体密封有利。采用蒸汽轮机为动力，航速为25节，拥有那个年代一流的航速，只配备了中口径火炮。“竞技神”号于1918年开工建造，由于第一次世界大战结束，以及结构布局需要进行大量的实验，建造工程进度缓慢，1923年才完工服役。当时载机数量为20架，随着舰载飞机尺寸加大，载机数量下降到16架。

该艘航母长182米、宽27.4米、吃水6.6米，满载排水量为1.32万吨。其动力装置有6台锅炉蒸汽轮机，主机输出功率4万马力，航速25节，续航力6000海里/18节。

不幸的是，1942年4月在印度洋的斯里兰卡，“竞技神”号被日本海军航空母舰编队的俯冲轰炸机击沉。

美国海军的“带篷马车”

1920年，美国海军开始将运煤船“木星”号改装为航空母舰，两年后，美国第一艘命名为“兰利”号的航空母舰改造成功，编号为CV-1。“兰利”号舰体最上方是全通式飞行甲板，舰桥则位于飞行甲板的前下方，舰体左舷装有两个可收放的烟囱。由于

英国“竞技神”号航空母舰

“凤翔”号航空母舰上装备的主要武器包括4门140毫米口径火炮，现代化改装时还增加了38门25毫米口径高射炮。除此之外，舰上还装有21型13式雷达。该舰的标准舰载机为26架。

兵器解密

用运煤船改装而成的“兰利”号航空母舰。

这种看起来相当奇怪的军舰是第一次出现在美国海军舰队中，所以人们送它一个绰号——“带篷马车”。

“兰利”号标准排水量1.105万吨，满载排水量1.47万吨，最大航速15节，舰上铺设有长165.3米、宽19.8米的全通式飞行甲板，能够载机34架。同“百眼巨人”号一样，“兰利”号也是一艘典型的平原型航母。

“兰利”号于1922年10月进行了第一次战斗机着舰试验，同年11月，又使用压缩空气弹射器进行了舰载机弹射起飞试验，两次试验都取得了成功。1923年，“兰利”号到各地进行航行展示，并在航行中进行各种作战系统的试验。1924年，“兰利”号被编入美国海军大西洋舰队的作战序列，美国海军终于有了自己的第一艘航空母舰。1942年2月27日，“兰利”号在执行运送P-40战斗机的任务时，被日本海军的攻击机击沉，结束了它不同寻常的一生。

第一艘真正的航空母舰

世界上第一艘专门设计和建造的航空母舰是1922年12月服役的日本海军“凤翔”号。这艘航空母舰虽然开工时间比英美晚，下水却早几个月，因此世界上第一艘真正的航空母舰的桂冠就戴在了它的头上。

20世纪20年代，“凤翔”号为日本海军航空母舰战术和甲板飞行训练积累了经验。该舰全长168米，标准排水量7470吨，最大的航速25节，在甲板前部有大约5度的下倾斜坡，两部升降机沿飞行甲板中线布置，载机26架，初具现代航空母舰之特点。

日本“凤翔”号航空母舰

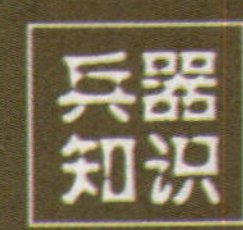

航母在“二战”中发挥了极大的作用
前轮弹射方式已经被航母广泛采用

航母的发展

虽然航空母舰已登上历史舞台，但早期的航母大都是由大型运输船或军舰改装的，因为当时海战的胜负还取决于军舰的吨位和火炮的口径，航空母舰虽然已经证实了自己的实力，但各国一时还腾不出手来建造全新的航空母舰。“二战中”的航母很具代表性，为适应新型飞机起降的需要，航母完善了结构，并成为战争决定胜负的关键角色。

数量猛增，地位加强

第一次世界大战结束后，1922 年各海军强国签署的《华盛顿海军条约》严格控制了战列舰建造，但条约准许各缔约国利用部分停建的战舰改建航空母舰，例如：美国“列克星敦”级航空母舰、日本的“赤城”号航空母舰和“加贺”号航空母舰。在航空母舰上装备重型火炮是这一阶段航空母舰发展的特色。但是，当时各国海军中有许多大人物墨守旧观念，把重炮巨舰视为海战制胜的主要力量，而航母只是舰队的辅助力量，主要任务是侦察。

第二次世界大战期间，航空母舰一展雄风，开始主宰海洋战场。世界各国航空母舰数量从一战结束时的 13 艘一下子猛增到 176 艘，而称霸于世界海洋几百年的战列舰却寥若辰星，所剩甚少，从 140 艘下降到 40 艘，航空母舰和战列舰的比例第一次形成 4 : 1 的绝对优势。航空母舰由舰队辅助兵力变为主要突击兵力，不仅取代战列舰成为制空制海的主要兵力，也成为海军远洋作战和对陆攻击的重要军事力量。

在大西洋战场上，为了进行反潜护航作战，美国在两年多的时间里紧急动员，用商船改装了一百 多艘护航航母，为夺取战争的胜利发挥了极为重要的作用。这些改装型航母一般在 7000—1.2 万 吨之间，载三十 余架飞机。作为飞机运载舰时，最多可载六十 多架飞机。美国当时专门设计和建造的一级护航航母“卡萨布兰卡”级排水量 1.1 万 吨，可载机六十余架，有一家造船厂在 18 个月中就突击建造了五十多艘。

亟需改革

技术进步造就了先进的飞机，越先进的飞机就越具攻击性。到第二次世界大战后期，喷气式飞机的出现，对航空母舰的结构提出了新的要求，因为这种前所未有的进攻武器需要更长的跑道来起飞。

1946 年，第一架“鬼怪”型喷气式战斗机在美国海军“富兰克林·罗斯福”号航空母舰上弹射起飞，这种在重量和航速方面都比螺旋桨飞机大好几倍的喷气式飞机使航

空母舰面临一次严峻的考验。老式的弹射阻拦装置和直通型飞机甲板已很难满足它的战术需求，于是，航空母舰领域亟需开始一场技术革命。

飞行甲板的演变

飞行甲板是航母舰面上供舰载机起降和停放的上层甲板，又称为舰面场。早期航母的飞行甲板都是直式的，其形状为矩形。防冲网把甲板分成前后两部分：前部供飞机起飞、停放用，后部则是飞机降落区。当防冲网放下时，前后两区合二为一，舰载机就能从舰尾向前做不用弹射器的自由测距滑跑起飞了。

1951 年 8 月，英国“凯旋”号航空母舰经过多次实验，其舰载机第一次从 10 度斜角的飞行甲板上试飞成功。这次试验成功后，英国正式采用了倾斜甲板，这些新技术使航空母舰可以继续成为海上活动机场，发挥它无法比拟的战斗力。

一年后，美国海军“中途岛”号航空母舰经过四百多次试验，也正式采用了这种飞行甲板。这种飞行甲板分起飞区、降落区和待机区三大部分，直段部分用于舰载机弹射起飞，斜角部分用于降落，上层建筑前方的三角区则用于停机。这种起飞、降落和机种调整互不干扰又可同时进行的斜直两段式飞行甲板倍受青睐。

目前大、中型航空母舰还都在采用这种甲板形式，航空母舰的飞行甲板也改为由高强度的钢板制成。

兵器简史

“富兰克林·罗斯福”号航空母舰曾于 1946 年 8 月 8 日—10 月 4 日和美国海军的其他舰只一起开赴爱琴海，对希腊的首都雅典进行访问。而后它主要部署在地中海，在地中海的许多港口停留过，曾邀请成千上万名欧洲人登舰访问，以显示美国海军的力量。

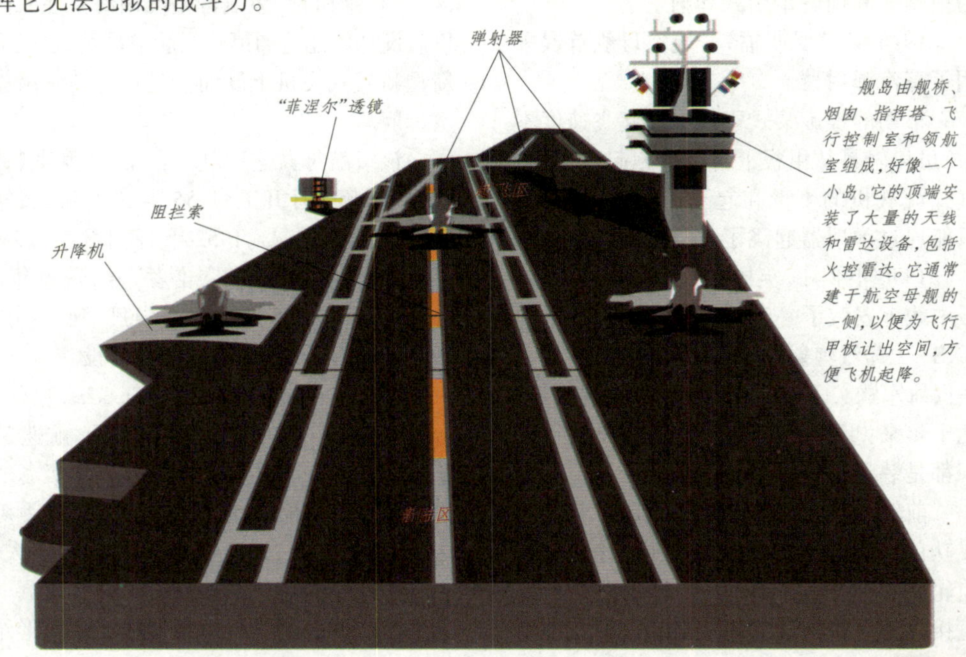

舰岛由舰桥、烟囱、指挥塔、飞行控制室和领航室组成，好像一个小岛。它的顶端安装了大量的天线和雷达设备，包括火控雷达。它通常建于航空母舰的一侧，以便为飞行甲板让出空间，方便飞机起降。

蒸汽弹射器工作时要消耗大量蒸汽，如果以最小间隔进行弹射，就需要消耗航母锅炉 20%的蒸汽。现在，美国正在研制新型的电磁弹射方式。

蒸汽弹射器的演变

蒸汽弹射器实际上是航母上以高压蒸汽推动活塞带动弹射轨道上的滑块，把连接其上的舰载机投射出去的装置。依据舰载机与滑块的联结方法，弹射方式可以分为拖索式和前轮牵引式弹射。

1946 年，"罗斯福" 号航空母舰首次采用了蒸汽弹射器。

早期的螺旋桨式飞机由于起飞速度不大，可以轻易从甲板上自行滑跑起飞，但喷气式舰载机的重量和起飞速度急剧增大，只能通过弹射器起飞了。

1950 年 8 月，英国在"英仙座" 航母甲板中线上安装了一台动力冲程为 45.5 米的 BXS—1 蒸汽弹射器，试验获得初步成功。美国海军购买了专利并最终将其发展成熟。几十年来，世界上几乎所有大、中型航空母舰都是装备这种弹射器。

前轮弹射方式是美国海军 1964 年试验成功的。舰载机的前轮支架装上拖曳杆，前轮就直接挂在了滑块上，弹射时由滑块直接拉着飞机前轮加速起飞。这样就不用将近十个甲板人员挂拖索和捡拖索了。弹射时间缩短，飞机的方向安全性好，但这种舰载机的前轮要专门设计，美国的海军核动力航母都采用了这种起飞方式。

"福莱斯特"级航母

"福莱斯特"级航母是美国海军在二战以后设计和建造的第一级航空母舰，也是为新型喷气式飞机上舰而专门设计的一级航空母舰。

该级航母共建四艘：首舰 "福莱斯特" 号，1952 年 7 月开工，1955 年 10 月服役；第 2 艘"萨拉托加" 号，1952 年 12 月开工，1956 年 4 月服役；第 3 艘 "突击者" 号，1954 年 8 月开工，1957 年 8 月服役；第 4 艘"独立"号，1954 年 7 月开工，1959 年 1 月服役。

该级航母长 326.4 米，宽 76.3 米，装有 4 台蒸气轮机，总功率 20.58 万千瓦，航速 33 节，续航力 30 节时为 8000 海里。该级各舰排水量不完全相同，但均在 7.9 万—8.1 万吨之间。舰上人员 2900 人，航空人员 2279 人。

该级舰的舰体结构有了突破性发展。其舰体从舰底到飞行甲板形成整体箱形结

英国海军“凯旋”号航空母舰属“巨人”级，英国海军二战期间建造的轻型舰队航空母舰。该舰长211.8米，宽24.5米，吃水7米，排水量1.319万吨，航速25节。舰上装备有单管40毫米炮19座，四联装乒乓炮6座，载机48架。

构，增强了整个舰体的强度；首次采用封闭式舰首、封闭式机库和封闭式飞行甲板；首次采用斜角式飞行甲板。它装有4座大功率蒸汽弹射器，2部位于舰前端，2部位于斜角飞行甲板前端。在降落甲板上有4道拦阻索和1道拦阻网。该舰配备4部升降机，左舷1部，右舷3部。

该级舰最初装有8座单管127毫米炮和36门76毫米高炮。在以后的改装中，这些火炮先后被拆除，换装成2座“海麻雀”舰空导弹系统和3座“密集阵”近防系统。

在20世纪50年代中期以后，该级各舰都进行了一些改装，而其中最大、最重要的一次改装是在20世纪80年代：“萨拉托加”号在1980年10月至1983年2月；“福莱斯特”号在1983年3月至1985年5月；“独立”号在1985年4月至1987年8月。

在这次大规模的改装过程中，只有“突击者”号因为种种原因而没有参与。

改装的主要内容是：一是对舰体和各种主、辅机以及消防、燃油、蒸汽、弹射器系统进行全面检修，并增加了日造水45.46万升的净水装置。二是对武器系统和电子设备进行全面的现代化改进，换装了“SPS-49”和“SPS-48C”新型雷达。三是换装了弹射力更大的新型蒸汽弹射和制动力更强的液压拦阻装置，加大了升降机的尺寸和提升力。四是增设了反潜战术支援中心。

“福莱斯特”级航母，该级舰创造了两个第一：第一次正式采用蒸汽弹射器；第一次在重型航母上采用斜直两段式飞行甲板。

> 航母战斗群在海战中发挥了巨大作用
> 参加海湾战争最久的是“肯尼迪”号

现代航母

航空母舰是每个海军强国的重要象征和主要突击力量，是空中、水面、水下各种力量高度联合统一的海上作战武器系统，具有机动灵活、作战威力强、威慑效果明显等突出特点。现代航空母舰能够有效地进行海战、空战、电子打击、反潜战、对陆攻击和登陆作战等任务，是夺取作战海区内的制空权和制海权的关键。

“皇家方舟”号航空母舰

“现代航母的原型”

1934年，英国批准拨款建造一艘新式舰队航空母舰，在限制海军军备条约对航空母舰的限制范围内制定了设计方案。成为英国海军后续建造航空母舰的原型。

1935年9月开工建造，1937年下水时命名为“皇家方舟”号，1938年完工服役。该舰标准排水量2.2万吨，采用了全封闭式舰艏和较高的干舷，一体化的岛式上层建筑，飞行甲板为强力式，其前端装有2台液压式弹射器。该舰设有2个封闭式机库，共载飞机25架，精心的设计和合理的布局使“皇家方舟”号被誉为“现代航母的原型”。

1940年4月投入挪威战役，“皇家方舟”号的俯冲轰炸机炸沉了一艘德国轻巡洋舰。

1940年7月随英国舰队攻击阿尔及利亚米尔斯克比尔泊地的法国舰队。战争期间“皇家方舟”号主要在地中海掩护运输船队。“皇家方舟”号参加最著名的战斗是1941年5月围歼德国俾斯麦号战列舰，“皇家方舟”号的鱼雷轰炸机炸坏其船舵，为英国舰队最后击沉俾斯麦号争取了时间。

1941年11月13日“皇家方舟”号在运载飞机到马耳他岛返回后，距直布罗陀50海里处被德国U-81号潜艇发射一枚鱼雷命中，爆炸后损坏而沉没。

“海上浮动机场”

现代航空母舰，酷似一座硕大无比的海上浮动机场，本身也许没有什么战斗力，其重要的打击武器在于各型的舰载战斗攻击飞机。舰上装备有种类齐全的舰载机，包括直升机、战斗机、攻击机、预警机、电子战机、反潜机、加油机等。这些飞机可以携带导弹、炸弹、鱼雷、水雷和深水炸弹等。

航母上最主要的武器是舰载机。根据排水量大小和任务不同，各型航空母舰搭载的飞机和直升机从十几架至近百架不等。

舰载直升机被誉为“海空轻骑兵”，在世界大大小小的海上军事行动中扮演了重要的角色。美国“海鹰”SH-60B舰载反潜直升机主要用于扩大海军的反潜和反舰能力，补充陆基和舰载固定翼飞机的不足，可以完成搜索救生、撤运伤员和垂直补给等任务。

F-14“雄猫”战斗机是一种可变后掠翼的高速重型舰载战斗机，是美国海军的主力舰载机，它可以携带“麻雀”“响尾蛇”和“不死鸟”导弹。

航母战斗群

航空母舰战斗群是美国海军主力舰队的最基本编成方式。它以大型航母为核心，集海军航空兵、水面舰艇和潜艇为一体，是空中、水面和水下作战力量高度联合的海空一体化机动作战部队，具有灵活机动、综合作战能力强、威慑效果好等特点，可以在远离军事基地的广阔海洋上实施全天候、大范围、高强度的连续作战。

航母战斗群最初于“二战”期间参与实战。主要应用于美国与日本的太平洋战争。当时的航母战斗群舰艇数目要比现在大得多。这也是唯一一次航母战斗群对航母战斗群的战争。英国也有一些规模较小的航母战斗群在大西洋、地中海以及太平洋地区作战。冷战期间，航母战斗群的两大任务是在美国与前苏联冲突当中保护大西洋航线的安全使用，以及由海上威胁前苏联在北大西洋的舰队以及重要陆上目标。由于前苏联很晚才发展全通甲板形式的航空母舰，双方在海战中也就不会轻易出现航母对峙的作战。前苏联对应的战术是以飞机，水面舰艇以及潜艇发射大量反舰导弹攻击航母战斗群。为了支持这种战术，前苏联需要建构

航母战斗群，具有很强的机动能力、攻击能力、战斗稳定性和自持能力。

"小鹰"航母战斗群由"小鹰"号航空母舰、第 15 航母舰载机联队组成，现配属 2 艘"提康德罗加"级导弹巡洋舰、2 艘"伯克"级导弹驱逐舰、2 艘"斯普鲁恩斯"级驱逐舰、1 艘"洛杉矶"级核动力攻击潜艇和 1 艘"萨克拉门托"级快速战斗支援舰。

庞大的侦测与攻击系统，这些系统包含海洋侦查卫星，远程海上巡逻机，各种搜集电子情报的水面船只等等。美国海军为应付这种战术，除了提升水面舰艇的作战系统，同时也发展新一代的舰载与机载作战系统，强化自动目标侦查与识别以及多目标作战能力。这些系统包含 AIM-54 导弹、F-14"雄猫"式战斗机、神盾战斗系统等等。

在和平时期，航空母舰战斗群可以通过军事演习、访问他国军港等活动开展外交与军事合作；危机时期，它又能够通过快速部署来实施武力威慑；战争时期，它便开始对敌海上和陆上纵深目标实施战术或战略核/非核攻击。据统计，自 1964 年以来，美国在世界各地以武力进行干预的突发事件达二百多起，其中运用海军兵力的就占 2/3 以上。在这些军事行动中，几乎都有航母战斗群直接或间接参加。

目前美国海军共有航母战斗群 12 个。通常一个航母战斗群的标准编成为：1 艘现役航空母舰（"尼米兹"级、"小鹰"级或"企业"号）、2 艘导弹巡洋舰（"提康德罗加"级）、2 艘导弹驱逐舰（"伯克"级）、1 艘驱逐舰（"斯普鲁恩斯"级）、1 艘护卫舰（"佩里"级）、1 艘至 2 艘攻击型核潜艇（"洛杉矶"级）和 1 艘供应舰（多为"萨克拉门托"级快速战斗支援

兵器简史

在海湾战争的"沙漠盾牌"空袭作战中，美军在海湾地区共有 6 个航母编队，在波斯湾有 3 个，即"中途岛"号、"突击者"号和"罗斯福"号；在红海有 3 个，即"萨拉托加"号、"肯尼迪"号和"美国"号。而这 6 个航母编队都取得了应有的战绩。

"皇家方舟"号上的武器装备：16门11.4厘米/45倍口径重型高炮，8座双联装炮塔；48门砰砰炮，6座8联装炮塔；32挺1.3厘米口径高射机枪。舰载机：设计72架，通常60架：48架剑鱼鱼雷机，12架鱼鹰战斗/轰炸机 或者36架剑鱼鱼雷机和24架鱼鹰战斗/轰炸机。

兵器解密

舰）。根据受威胁程度的不同，美国海军航母战斗群的使用数量也不同。进行海外部署、在低威胁区巡逻或显示力量时，美国海军通常派出1个航母战斗群；在中等威胁区实施威慑、制止危机和参与低强度战争时，一般使用2个航母战斗群；在高威胁区参与局部战争或大规模常规战争时，可能投入3个或3个以上的航母战斗群。此外为了执行海上演习任务，美国海军可以根据演习的规模，派出1个或数个航母战斗群。

航母战斗群虽然具有水面、对潜、对空和电子等综合性作战能力，但并非无懈可击。首先，航母战斗群阵容庞大，电磁、红外、声场、热场等诸项物理特征明显，易遭对方导弹、鱼雷和潜艇的攻击。其次，航母战斗群作战能力会随环境因素的变化而变化，如航母战斗群在地形复杂、岛礁众多的近岸海域活动时，机动能力下降，不利于反潜作战。再者，航母战斗群燃油、弹药和弹射器等物资消耗量大，在进行海上补给时防御能力明显降低，这就为对方对其实施打击创造了条件。另外卫星定位、水雷封锁、远程突袭和电子对抗等，也都是对付航母战斗群的有效方法。

发展趋势

21世纪，海洋将发挥越来越重要的作用。占地球表面积70%的海洋是世界经济交往最主要的通道，更是世界政治斗争和军事斗争的主要战场。半个世纪以来，世界上90%以上的战争都有航母的身影出现。

航空母舰在未来很长一段时期内，仍将是一个很有发展前景的舰种。据估计，未来世界航母的数量虽然不会有明显的增多，但质量则将有较大的提高。主要发展趋势将集中在这样几个方面：一是吨位越来越大；二是采用核动力推进，重型和中型航母将普遍采用核动力装置，以增大续航力；三是轻型、袖珍型航空母舰将保持良好的发展势头；四是航空母舰的某些关键技术将有重大突破，超导、电磁弹射、克夫拉装甲等将开始应用，不同起降方式的舰载机和新一代隐型飞机将装舰使用；五是商船改装航空母舰的研究及实船改装验证工作仍方兴未艾。

"肯尼迪"号航空母舰

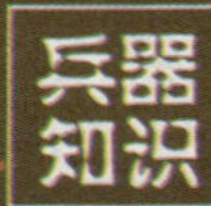

> 核动力航母是未来航母发展的必然趋势
> CVN−21航母是美国计划发展中的航母

核动力航母

核动力航空母舰，简称核航母，是以小型核裂变反应堆为技术基础的、以核能转化为电能为能源的航空母舰。此种航母具有航程大、有效载荷大等特点，是航空母舰中最具威力的舰只。依靠核动力航空母舰，一个国家可以在远离其国土的地方，也不依靠当地机场情况下，对别国施加军事压力和进行作战。

航母的分类

航母动力分为常规动力和核动力。相对于核动力而言，以煤、油为燃料的均称为常规动力。核动力航母就是给航母装上核反应堆，利用原子核裂变产生能量带动发动机，推动航母前进。核动力航母减少了对基地和后勤支援的依赖。核动力航母更换一次燃料可以连续航行50万海里，用不着海外基地的支援。而常规动力航母执行同样的任务，却需要事先在世界各地建立起燃料补给网。

发展历史

自从美国建成核潜艇后，美海军认识到核动力优越性后，决定研制核动力航母。

1954年9月30日，美国核动力潜艇“大比目鱼”号正式服役的消息轰动了全球。人们开始设想将核动力应用于航空母舰。

尽管当时航空母舰的各种技术性能比二战期间的航空母舰先进得多，但它仍存在许多致命的缺陷：航母发动机、蒸气弹射器、飞机升降机和阻拦装置等需要消耗大量能量，常规动力往往难以满足需要；常规动力航空母舰的烟囱既占用了空间，又为敌方攻

“企业”号核动力航母，该航母具有非常强大的武器装备。

“尼米兹”级是美国第二代核动力航空母舰，也是目前世界上排水量最大，在役数量最多的一级航空母舰。

击留下了隐患；大量排烟会腐蚀电子设备和天线；淡水的生产受到限制等。核动力无疑为解决这些问题带来了希望。

1961年11月，世界上第一艘核动力航母“企业”号建成并进入部队服役。美国的“企业”号航母上装备核动力装置，使航空母舰具有更大的机动性和惊人的续航力，更换一次核燃料可连续航行10年。而且，它可以高速地驶往世界上任何一个海域。“企业”号核动力航母的问世，使航空母舰的发展进入新纪元。后来，美国在“企业”号核动力航空母舰基础上，又发展了“尼米兹”级核动力航空母舰，这是继“企业”号核航母之后，为美国第二代核动力航空母舰。

经过40多年的发展，目前美国共有9艘核动力航空母舰。除“企业”号航母外，其余8艘均是“尼米兹”级航母，它们分别是“尼米兹”号、“艾森豪威尔”号、“卡尔·艾森”号、“罗斯福”号、“林肯”号、“华盛顿”号、“斯坦尼斯”号和“杜鲁门”号。

强大的武器装备

核动力航母的主要武器装备是它装载的各种舰载机，有威力无比的战斗机、轰炸机、攻击机，还有灵敏的侦察机、预警机，再加上新型的反潜机和电子战机，核航母可谓是一个重型武器的集结地了。航空母舰是用舰载机进行战斗，直接把敌人消灭在距离航母数百千米之外的领域。舰载机是航空母舰最好的进攻和防御武器。

除了舰载机外，航空母舰上也装备自卫武器，有火炮武器、导弹武器。航母的主要任务是以其舰载机编队，夺取海战区的制空权和制海权。

诸多优越性

核动力航母的优越性是显而易见的：

首先，此种航母具有更强的机动性。核动力航母可以高速驶往世界任何海域。在最高航速上，核动力航母和常规动力航母难分伯仲，但在连续高速航行能力上，核动力

美国海军最新型 CVN-21 航空母舰 3D 图。

航母却独占鳌头。核动力航空母舰续航力高达40万海里—100万海里，而常规动力航空母舰续航力一般在1万海里左右。因而在地区性危机和冲突中，核动力航母可以迅速奔赴现场，起到不可替代的威慑和实战的双重作用。

其次，核动力使航母节省出大量空间和载重吨位。一方面可以装载更多的航空燃油，以满足舰载机作战的需要；另一方面大大改善了舰员的居住和工作条件。

第三，核动力使航母减少了对基地和后勤支援的依赖。核动力航母更换一次燃料可以连续航行50万海里，用不着海外基地的支援。而常规动力航母执行同样的任务，却需要事先在世界各地建立燃料补给网。

第四，此种航母没有烟囱带来了许多好处。常规航母上的进气道、排气道和大型烟囱不仅占去大量空间，而且降低了舰体强度。它们排放的高温废气一方面严重腐蚀舰上设备，一方面也会产生湍流而影响飞机的着舰。而核动力航母一劳永逸地消除了这些问题。

致命的缺陷

当前航空母舰的各种技术性能比二战期间先进得多，但它仍存在许多致命的缺陷：航母的发动机、蒸汽弹射器、飞机升降机和阻拦装置等需要消耗大量能量，常规动力往往难以满足需要；常规动力航空母舰的烟囱既占用了空间，又为敌方攻击留下了隐患；大量排烟会腐蚀电子设备和天线；淡水的生产受到限制等。

核动力初始投资大，技术要求高，核废料处理难，核污染问题不可忽视。这些是其笼罩在人们心中的阴影。

CVN-21 航母

CVN-21航母是20世纪90年代，美国海军决定在第10艘“尼米兹”级核动力航空母舰(“布什”号)完工后陆续建造两艘新一代航母，即CVNX-1和CVNX-2。2002年12月，美国国防部和海军宣布将CVNX-1和CVNX-2合并为CVN-21航母项目。大部分原定在CVNX-2上才采用的先进技术被提前应用到了 CVN-21 舰上。CVN-21航母的正式建造工作在2007年开始，2014年交付美国海军，估计该航母的总成本有一百多亿美元。

兵器简史

随着未来美国海军附属的空军部队实力的提升，CVN-21航母将会装备“联合打击战斗机”和“联合无人作战空中系统”。可以这样说，有了CVN-21航母，美军就有能力在任何需要的时候将战斗力量输送至世界任何一个地方实施作战计划，而不需要陆地支持。

美国海军规定，和平时期，每艘航母一个标准的训练、执勤和休整周期为18个月，并各占1/3时间。因此，美国海军现役的12艘航母，有1/3在海湾地区、西太平洋、地中海等海外前沿地区执勤或担负作战任务，1/3进行海上训练，另有1/3在港内休整或进厂维修保养。

CVN–21项目是用于替代“尼米兹”级核动力航母。该航母将会是未来美国海军打击群的核心组成部分，毫不夸张的说，CVN–21航母将会是21世纪美国海军争夺海上霸权的“顶梁柱”。

与尼米兹级航母相比，CVN–21航母有很多重大改进之处。

首先，新型航母将采用新的核动力装置，预计输出电力是尼米兹级航母动力系统的3倍。CVN–21航母新设计的核动力发电站以及改进之后的电力发电设备能够为航母提供三倍于“尼米兹”级电力航母的动力。强大的动力能够使CVN–21航母装备新的系统，如“电磁飞机弹射系统”、先进的阻拦装置以及新的综合战斗系统。

其次，持续作战能力，CVN–21航母上单位时间内出动的战机架次率将会比以前的旧式航母增加20%，一艘CVN–21每日能够正常出动飞机160架次，而在高峰时能够出动270架次。这就使得CVN–21航母更好处理未来威胁，它的持续作战能力也比以前有了大大的增长，而且CVN–21航母的储备维护能力将可以进一步让它的持续运行能力增加25%。

第三，装备电磁飞机弹射系统。2002年4月，美国海军空战中心为美国海军未来的CVN–21航母选择了通用原子公司的电磁飞机弹射系统方案。在新的CVN–21航母上，将用4套电磁弹射系统代替4套传统的蒸汽弹射装置，于2014年正式装舰使用。

最后，高度机器人化。为了实现减少航母工作人员的目标，美国海军选定了机器人化这个切入点。届时，它的自动化程度将会大大提升，很多装备将实现自动控制，计算机网络的运用将会更加普及，更多岗位将会使用更多机器人。

CVN–21新型航母将采用新的核动力装置，重新设计飞行甲板、上层建筑以及航母内部空间布置，航母外形采用一定的隐身设计，舰体采用新型高强度合金材料。

兵器知识

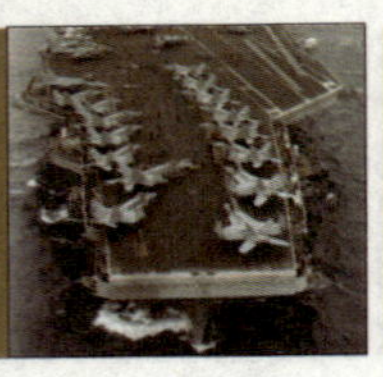

> "企业"号是世界上第一艘核动力航母
> "企业"号核动力航母曾经多次改装

企业级航母

1961年11月，世界上第一艘核动力航母"企业"号进入部队服役。"企业"级是美国于1959年建成的第一艘核动力航空母舰，该级仅一艘。美国的"企业"号航母上装备核动力装置，使航空母舰具有更大的机动性和惊人的续航力，更换1次核燃料可连续航行10年。"企业"号核动力航母的问世，使航空母舰的发展进入新纪元。

武器装备

"企业"号安装有4部大功率蒸汽弹射器和4部舷侧升降机。其强力甲板厚达50毫米，在关键部位设有防弹装甲，水下部分的舷侧装甲厚达150毫米，并设有多层防雷隔舱。它装有3座8联MK-29"北约海麻雀"防空导弹和3座MK-15型"密集阵"系统。电子战系统为SLQ-32电子对抗/支援系统、"水精"拖曳式诱饵系统和4座6管MK-36红外/箔条干扰发射器。舰上装有1部SPS-48C三座标对空雷达、1部SPS-49远程搜索雷达，1部SPS-67对海搜索雷达，6部MK-95"海麻雀"导弹制导雷达，以及导航、着舰引导等共20部雷达。指挥系统为先进的海军战术数据系统。

"企业"号航母的弹药库

兵器简史

"企业"号这个舰名源于一艘同名航空母舰，那艘同名航空母舰被人们誉为"不沉的战舰"，是第二次世界大战时美国海军中战功最突出的一艘，也是同年代服役的航空母舰中唯一存活到战后的一艘。

航空支援能力完善

"企业"号上装有4部长90米的弹射器，斜角甲板后端设飞机着舰阻拦装置。该舰的拦机装置由阻拦索和阻拦网两部分组成。阻拦索直径6.35厘米、高度50厘米、相互间隔约14米，并列布置4根，可以拉住重30吨、以140千米时速进场的飞机；阻拦网由尼龙带制成，平时堆放在斜角甲板端部左舷，当载机需要着舰时，架设到拦机网支柱上，架设时间约需2分钟。舰上设有4部舷

“企业”号核动力航母的造价高达4.51亿美元，这个价钱约为一艘“福莱斯特”级常规动力航空母舰的2倍。由于造价太过高昂，美国国会只批准兴建一艘。所以，“企业级”航母家族只有“企业”号核动力航母一个成员。

侧升降机（左舷1部，右舷3部），每部升降机长23.5米、宽16米、面积370平方米、提升力40.4吨，平均1分钟提升一架飞机。舰上机库为全封闭式，高7.26米，面积约2.007万平方米。该舰可携载8500吨航空燃油，可供航空联队使用12天。

史无前例的环球航行

美国海军为了测试核动力水面舰艇的持续航行能力，在1964年下半年以“企业”号航空母舰、“长滩”号和“班布里奇”号核动力巡洋舰组成了环球航行编队。在长达64天的连续航行中，编队总共航行了3.26万海里，而且只依靠本舰核动力，不进行任何海上补给。这一环球航行，充分显示了核动力舰艇所具有的无比优越性。“企业”号以其巨大的动力资源和续航能力实现了航空母舰发展史上的一次历史性飞跃。

几度旧颜换新装

1973年“企业”号进行了在越战中的最后一次空袭行动后，开始更换舰载机，以F-14A、S-3等取代原有的F-4等机。

1979年—1982年，“企业”号航空母舰又一次接受现代化改装工程，加装了导控“海麻雀”导弹的MK-91火控雷达以及三座MK-15“密集阵”近程防空系统，并以SPS-48与SPS-49对空搜索雷达取代原有的SPS-32/33对空搜索雷达。

1992年，企业号再度进行改良，追加一座MK-29，SPS-48C升级为SPS-48E，并加装MK-23 TAS、NTDS、ASCAC以及TFCC。

“海上老兵”重返大洋

2010年，经过为期两年的维护及改造，美国海军核动力航母“企业”号终于驶出船坞，再次驰骋大洋。“企业”号于4月17日起航，开始海上测试，在19日返回诺福克海军基地的途中，按照美国海军的传统，“企业”号在桅杆上悬挂起扫把，这意味着全面胜利和海试成功。这艘已经问世几十年的“海上老兵”在经过修整后，得以重返大洋。

美国“企业”号核动力航母

> “尼米兹”级是当代航母家族中的王者
> 该级航母全由美国纽波特纽斯船厂建造

尼米兹级航母

虽然“尼米兹”级航空母舰是美国海军的第二代核动力航空母舰，但其吨位最大、现代化程度最高、耗资最多，堪称水面舰艇之最。它超凡的作战能力令对手望尘莫及，是很多国家梦寐以求的舰艇。“尼米兹”级航母的主要任务是远洋作战、夺取制空和制海权、攻击敌方海上或陆上目标、支援登陆作战及反潜等任务。

海军名将尼米兹

切斯特·威廉·尼米兹(1885—1966)，生于美国德克萨斯州，曾是美国海军太平洋舰队司令、海军作战部部长、五星上将。这位军事家二战期间指挥了珊瑚海海战、中途岛海战等著名战役，人称“海上骑士”。1945年9月2日他代表美国在日本投降书上签字。由于他战功赫赫，对海军有巨大贡献，美国海军将尼米兹去世后建造的第一艘、也是当时最新锐的核动力航空母舰命名为尼米兹号航空母舰，并把10月5日定为“尼米兹日”。

钢铁巨兽般的构造

为了防御攻击，“尼米兹”号航母的舰体和甲板用高强度、高韧性的钢板建造，最厚部位的钢板达63.5毫米。舰内设有23道

航母的结构图

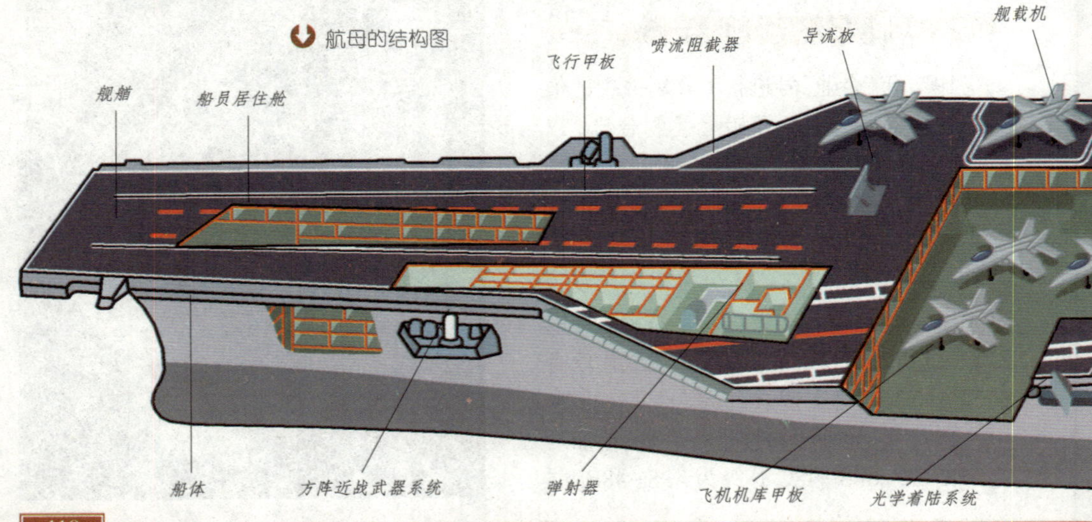

尼米兹将军

水密横舱壁和10道防火隔壁，消防防护措施完备。

该舰为封闭式飞机甲板；机库甲板以下的船体是整体的水密结构，由内外两层壳体组成。除外壳体由船壳板满足其强度和防御要求外，内壳体由防护装甲板组成一个装甲壳体，保护着动力舱、油舱、弹药舱等重要部位。飞行甲板、吊舱甲板和机库甲板都有约50毫米厚的装甲钢板防护，水线以下的两舷侧设有4道纵隔壁的防雷结构，垂向分为8层，沿舰长每12—13米设1道水密横隔壁，共23道水密横隔壁，另设10道防火隔壁，纵横向隔壁共将舰体分成两千多个水密隔舱，保证了舰的抗沉性。

机库的四周布置有飞机维修车间，机库的前方是士兵住舱和锚甲板，机库的后方与机库由一道防火消音隔壁相隔为飞机发动机维修车间。岛是航空母舰电子设备天线的安装基座，核动力航母比常规动力航母的岛要小得多，没有烟囱，占用甲板面积很小，有利于舰载机在飞行甲板上作业。航空管制船桥位于岛的最上层，其下是航海舰桥，再下是编队司令舰桥。各种电子设备舱室和飞行甲板作业设备的支援舱室也都布置在岛内。

“海上巨无霸”

“尼米兹”级大型核动力航母所具有的超凡脱俗的作战能力是航空母舰在现代战争中巨大威力的真正体现，是所有向往海洋的国家梦寐以求的“海上巨无霸”。

按照服役顺序，该级航母依次为：1975年5月服役的“尼米兹”号(CVN68)，1977年

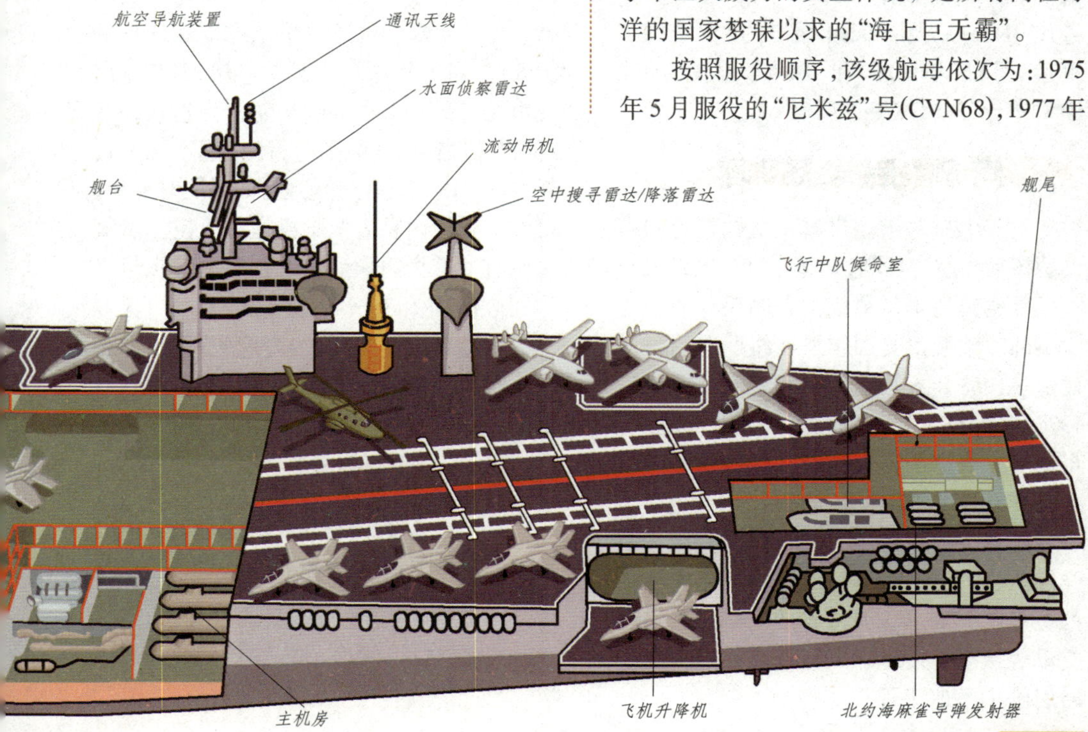

"卡尔·文森"号航母在白令海峡参加军事演习

10月服役的"艾森豪威尔"号(CVN69),1982年2月服役的"卡尔·文森"号(CVN70),1986年10月服役的"西奥多·罗斯福"号(CVN71),1989年服役的"林肯"号(CVN72),1991年服役的"华盛顿"号(CVN73),1997年服役的"斯坦尼斯"号(CVN74)和"杜鲁门"号(CVN75)以及2002年服役的"罗纳德·里根"号(CVN-76)和2009年服役的"乔治·布什"号(CVN-77)。

首舰"尼米兹"号

"尼米兹"号航空母舰是美国建造的第二艘核动力航空母舰,是迄今世界上最大的一级航空母舰尼米兹级的首制船。舷号为CVN68。该舰由美国纽波特纽斯造船公司建造。1968年6月动工,1972年5月下水,1975年5月服役。最先被编入大西洋舰队,母港为东海岸的诺福克港。1983年6月至1984年9月进船厂大修期间,增添和更新了一些设备。1987年由大西洋舰队调至太平洋舰队,母港为布雷默顿。其在大西洋舰队的位置由1986年9月服役的"罗斯福"号航空母舰接替。1998年,该舰在经过大修后转属给了圣地亚哥。

生命力极强的"斯坦尼斯"号

"斯坦尼斯"号舰长317米,宽40.8米,满载排水量高达10.2万吨,采用2座A4W/A1C压水堆,总功率19.1万千瓦,最高航速30节。该舰核反应堆燃料可持续使用15年,续航力可达80万—100万海里,自持力90天。全舰人员近6000人,俨然一座"海上城市"。

该舰具有极强的生命力。舰体除设有若干道纵向隔壁外,还有23道水密横隔壁和10道防火隔壁。舰体和甲板采用高强度钢,可以抵御穿甲弹的攻击,在舰上重要部位还设有"凯芙拉"防弹装甲。

该舰飞行甲板长332.9米,斜角甲板长237.7米,宽77.8米,机库长208米,宽33米,高约8米。机库甲板下除双层底外分为8层,机库甲板以上分为9层,其中5层在上层建筑内。整个舰从龙骨到桅顶高达76米,相当于20层楼的高度。舰上配备最新型的C13-2蒸汽弹射器,如果同时使用,可在1分钟内将8架飞机送上天空。着舰区设有4道拦阻索和1道拦阻网,飞机平均回收间隔为35—40秒1架。

该舰装有3座"北约海麻雀"舰空导弹和3座"密集阵"近防系统。电子设备有SPS-48B三座标对空雷达、SPS-43B远程

兵器简史

美国海军能得到"尼米兹"级核动力航母在很大程度上是由于有"核动力航母之父"之美誉的里科维尔上将的努力。他在国会授权委员会上成功地抓住了核动力航母的优越性,使其在1967年获准拨款,目的是为了提高美在冷战中的霸主地位。

“尼米兹”级有3座“海麻雀”防空导弹系统，4座“密集阵”近战武器系统，3座324毫米3联装鱼雷发射系统。SPS-48E三维对空搜索雷达，SPS-49(V)5二维对空搜索雷达，3座Mk-91火力控制系统，AN/SLQ-32(V)4雷达电子对抗和火力控制系统和雷达电子监视系统。

雷达、SPS-58低空警戒雷达、SPS-10F水面搜索与导航雷达、“海麻雀”火控雷达、SPN-42/43/44航空管制和着舰引导雷达等。指挥系统有NTDS海军战术数据系统、AN/UYK-7计算机、ASW-25数据链等。

舰载机是航母的主要打击力量。“尼米兹”级航母舰载机联队的编成方式、作战能力具有典型的代表性。经过几次变化之后，目前，美国海军的11个舰载机联队均采用“标准型”编成方式。计有：1个F-14“雄猫”战斗机中队，14架；2个F/A-18C“大黄蜂”海军战斗/攻击机中队，24架；1个F/A-18A“大黄蜂”海军陆战队战斗/攻击机中队，12架；1个E-2C“鹰眼”预警机中队，4架；1个EA-6B“徘徊者”电子战飞机中队，4架；1个S-3B“北欧海盗”反潜机中队，8架；1个SH-60F“拉姆普斯”反潜直升机中队，5架，总共8个飞行中队，71架各型飞机。此外，还有2架HH-60H运输直升机。

武备齐全

“尼米兹”级航空母舰自身也有强大的防卫体系，包括导弹、火炮、电子对抗系统、“海麻雀”导弹发射装置。

由雷达导航的“海麻雀”导弹属短—中程导弹，可攻击飞机和截击敌方的巡航导弹。它的近程火炮系统有自动搜索和瞄准雷达，20毫米近程火炮系统每分种能发射3000发以上炮弹，能有效地防御敌方飞机和导弹的近程攻击。

航行能力强

“尼米兹”级航空母舰的油料装载量为1万吨，航空弹药3000吨。舰载机连队可控制25万平方公里的海域和空域，每天可出动200架次执行作战任务，装弹量是美国现役其它航母的2—3倍。

两台核反应堆为航空母舰提供几乎是无限期的30节以上的续航能力。8台8000千瓦汽轮发电机提供的电力可供10万人口的城市使用。4台海水淡化装置为“尼米兹”级航空母舰每天提供1818440升淡水。

“尼米兹”级航空母舰上没有常规航母的烟囱和废气，没有破坏性的噪音，还能够利用巨大的核动力资源来淡化海水，让舰员可以24小时享受热水浴。

兵器知识

> 该级航母以戴高乐将军的名字命名
> “戴高乐”级航母综合作战能力非常强

戴高乐级航母

“戴高乐”级航空母舰是法国设计制造的第一艘核动力航母，1999年开始服役。它的综合能力仅次于美国的“尼米兹”级航母，被法国人认为是法国海军在20世纪最伟大的成就，而“戴高乐”号航空母舰除了是法国目前正在操作中的唯一一艘航空母舰外，也是法国海军的旗舰。

建造背景

自从20世纪60年代2艘“克莱蒙梭”级服役之后，法国再无航母服役。至70年代，这2艘航母后续舰的问题提上了议事日程。但是，对于具体采用什么类型的航母，法国上下却一直争论不休，先后提出过中型、轻型、常规动力、核动力和垂直起降等各种类型，直至1980年9月才定下最后方案：建造2艘中型核动力航空母舰，这就是“戴高乐”级核动力航母。

1986年2月，法国国防部长签署了建造航母的命令。1987年1月，首舰R91“戴高乐”号在布勒斯特船厂最后完成了设计图。1987年11月开始切割第一块钢板，1989年4月在布雷斯特船厂船坞开始组装，原订1996年服役的戴高乐号工期一再延误，直到1994年5月时才完工下水，以致连就役日程也往后延至1999年。但之后由于又陆续发现核子反应炉强度不足进行补强，与斜向飞行甲板长度不足无法安全起降美制E-2C鹰眼式空中预警机而在2000年时又进行了甲板延长改造工程，将斜向甲板的长度增加了4米，也使得正式启用的日

“戴高乐”级航母上装备了美国的EC-2“鹰眼”预警机

由于吨位只有美国的同类舰只一半，因此戴高乐号只配备了两具舰首弹射器(美军航舰通常为四具)，而舰载机的上限也只有一半约为40架上下，主要包括海基版本的阵风式战斗机与超级军旗攻击机两款法制战机，以及美制的E-2C鹰眼式空中预警机。

“戴高乐”级航母甲板下还设有几类航空机修车间

程一延再延。2001年5月18日“戴高乐”号正式就役，比原本预计的就役时间足足晚了5年。

法国原来的计划是建造2艘该级航母来代替即将退役的2艘“克莱蒙梭”级常规动力航母，但迄今只有“戴高乐”号1艘入役，第2艘何时开工尚不得而知。这可能是因为“戴高乐”级航母的造价高昂，对于法国来说是个沉重的负担。

性能优越

“戴高乐”号是法国史上拥有的第十艘航空母舰，其命名源自于法国著名的军事将领与政治家夏尔·戴高乐。“戴高乐”号不只是法国第一艘核动力航空母舰，事实上，它是有史以来第一也是唯一一艘不属于美国海军的核动力航空母舰。

该舰1983年5月开工建造，1994年下水，2000年9月正式服役。舰长261.5米，宽31.5米，飞行甲板最宽64.4米，吃水8.5米，标准排水量3.55万吨，满载排水量3.968万吨，2座核反应堆，8.3万马力，航速27节，核反应堆加一次燃料可工作5年以上。全员编制1700人，其中舰员1150人，航空人员550人。

舰上可搭载法国新型“阵风”M型战斗机、“超军旗”攻击机、E-2C预警机等各种舰载机40架。武器装备有：4座8单元发射“紫菀”-15导弹的“瑟弗莱尔”垂直发射系统，2座6联装“萨德尔”近程防空导弹发射架，8门20毫米防空机炮、4座8联装AMBL2A“达盖”干扰物发射架。电子设备有“阿拉贝尔”火控雷达、“塞尼特”8海军战术数据系统和16号数据链。

独特的设计

“戴高乐”级航母算得上是世界上最漂亮、最具现代气息的航母。该级航母不仅外观好看，而且隐身措施也处理得很好。它是史上第一艘在设计时加入了隐身性能的航空母舰。该舰与美国所拥有的数艘核动力航舰一样，都是采用斜向飞行甲板，而不采用欧制航空母舰常见的滑跳式甲板设计。

“戴高乐”级航母没有专门研制的核反应堆，而是直接安装了其他导弹核潜艇的反应堆。尽管这种偷懒的设计使它的航速比较慢，但却大大节省了设计的时间和费用。

兵器简史

2001年“9·11”事件发生后，为了协助美军的行动，“戴高乐”号与随行的护卫舰队首度穿过苏伊士运河进入印度洋，到达巴基斯坦南方的海域上。在美军主导的攻击行动中，戴高乐号上的舰载机至少进行了140次以上的侦察与轰炸任务，这是该舰服役以来第一次参与作战任务。

兵器知识 > 美国“独立“级轻型航母共建造了9艘
英国和日本曾经大力发展轻型航母

轻型航母

轻型航空母舰排水量在1.5万—3万吨之间，载机量14—27架，载机种类以重5—12吨的垂直/短距起降飞机和直升机为主。第二次世界大战期间，美国和日本曾经大力发展轻型航母。而在战后的很长时间内，英国海军也将轻型航母列为其主要发展方向。目前，世界上有6个国家共拥有9艘轻型航母。

轻型航母划分标准

航空母舰分为轻型航母和重型航母。重型航母标准排水量超过6万吨，载机60架以上，飞机重量在20吨—30吨；中型航母标准排水量在3吨—6万吨，载机15—60架，飞机重量在10吨—20吨；轻型航母的标准排水量1.3万—2.5万吨，载机14—27架，飞机重量在5吨—12吨；有的航母排水量小于1.3万吨，但也算轻型航母。还可以根据舰载机来分，轻型航母可搭载20架飞机（不包括直升飞机），中型航母可搭载20到60架，重型航母超过60架。

主要任务

轻型航空母舰的任务是：区域作战和部署，夺取有限作战海域内的制空、制海权；

大型航空母舰

中型航空母舰

轻型航空母舰

“无敌”号轻型航母是英国“无敌”级的首舰，1973 年 7 月开始建造，1977 年 5 月建成下水，于 1980 年 7 月正式进入英国皇家海军服役。

担任特混舰队指挥舰，在编队中对各舰进行战术协调，并召唤其飞机对编队实施快速有效的支援；实施和指挥反潜战，执行一定的舰队区域防空和反舰作战任务；支援两栖登陆作战；保护海上交通线，执行海上搜索、救援和运输等任务。轻型航空母舰一般均装防空武器，少数还装备反舰和反潜武器，设 2 部舷内升降机。携载固定翼飞机的老式轻型航母采用斜直两段式飞行甲板，设 3 道阻拦索和 1 部弹射器；新型轻型航母多携载垂直/短距起降飞机，因而采用前端向上滑翘的直通型飞行甲板，动力形式一般采用燃气动力。

英国“无敌”级轻型航母

英国的航母在二战中有过出色表现。战后英国国力日衰，再也无力建造像美国那样的大型核动力航母。于是，相信航母实力的英国皇家海军只好采取了这样的折中策略：用“全通甲板巡洋舰”来代替传统的舰队型航母，这就是后来的“无敌”级轻型航母。

该级航母共建 3 艘，分别是于 1973 年 7 月开工，1980 年 7 月服役的“无敌”号，1976 年 10 月开工，1982 年 6 月服役的“卓越”号，和 1978 年 12 月开工，1985 年 11 月服役的“皇家方舟”号。其中，“无敌”号在维克斯船厂建造，其余两艘则出于斯旺·亨特船厂之手。

“无敌”级航母全长 206.6 米，宽 27.7 米，标准排水量 1.6 万吨，满载排水量 2.03 万吨，主机为 4 台“奥林普斯”TM－3B 型燃汽轮机（这是世界上首次将燃汽轮机作为航母主机），总功率 11.2 万马力，双轴双桨，最大航速 28 节，18 节时续航力 7000 海里，全舰编制人员 1051 名，其中舰员 685 人，航空人员 366 人。其建成时的标准载机为 8 架“海鹞”式垂直起降战斗机和 12 架“海王”直升机。

该级航母的飞行甲板长 168 米，宽 32 米，甲板下面设有 7 层甲板，中部设有机库和 4 个机舱。机库高 7.6 米，占有 3 层甲板，长度约为舰长的 75%，可容纳 20 架飞机，机库两端各有一部升降机。防空武器为舰首的 1 座双联装“海标枪”中程舰空导弹发射架。电子设备有包括 1 部 1022 型对空搜索雷达，1 部 992 或 996R 对海搜索雷达，2 部 1006 或 1007 导航雷达，2 部 909 火控雷达（用于“海标枪”）和 1 部 2016 舰壳声呐。

“无敌”级航母最大的特点是应用了“滑跃”跑道，这是皇家海军中校道格拉斯·泰勒的创造。所谓滑跃起飞，就是将飞行跑道前端约 27 米长的一段做成平缓曲面，向舰首上翘，“无敌”号和“卓越”号的上翘角度为 7 度，“皇家方舟”号为 12 度。“海鹞”舰载机通过滑跃甲板起飞，在滑跑距离不变的情况下可使飞机载重增加 20%，载重量不变的情况下可使滑跑距离减少 60%。这一起飞方式后来被各国的轻型航母普遍采用。

“无敌”级航空母舰在服役之后参加了多次实战行动。

1982 年“无敌”号参加英阿马岛之战，暴露出预警能力不足的缺陷。战后皇家海军为每艘航母配备了 3 架“海王”AEW 预警直升机，每架直升机配备 1 部“搜水”雷达，当飞行高度为 1500 米时，警戒半径为 160 千米。后来“无敌”号又率先加装了 3 座美制“密集阵”6 管 20 毫米近防系统，但仍感近防能力不足，在此后的大改装中又加装了 3 座荷兰的“守门员”7 管 30 毫米近防炮，并装上了“海蚊”诱饵发射系统和新型的 966 对海警戒雷达和 2016 舰壳声呐。1994 年 2 月，“卓越”号完成了相同的改装。1997 年，“皇家方舟”号在进行这一轮改装时，又将滑跃跑道上翘角提高到 13 度。

兵器简史

“独立级”轻型航母“贝劳伍德”号于 1944 年 10 月 30 日被自杀机击伤。1953 年 9 月 5 日，美国将其送给法国，该舰遂被命名为“伯伊斯贝劳”号。1960 年 8 月 11 日，这艘航母又被送回美国，两年后解体。

为了应付冷战后形势的需要，皇家海军正式组建了三军联合快速部署部队，并决定在航母上部署空军的“鹞”式攻击机和陆军直升机。1997 年底，皇家空军的“鹞”GR7 攻击机正式上舰。1998 年 1 月 18 日，“无敌”号搭载 7 架“鹞”GR7 攻击机和 12 架“海鹞”FA2 战斗机出航，开始执行混合配置后的首次作战使命——配合美军对伊拉克实行空中打击。1998 年夏，皇家海军 2 艘航母参加了北约“坚定决心”联合演习。这一次，“卓越”号搭载 1 个由“鹞”式攻击机和“海鹞”式战斗机组成的混编大队，“无敌”号则搭载 1 个海陆军混合直升机大队

英国“无敌”级轻型航空母舰

“无敌”号轻型航母是“无敌”级航空母舰的首艘，该舰于 1980 年 7 月正式进入英国皇家海军服役。满载排水量 2.06 万吨，总长 209.1 米，水线长 192.6 米，总宽 36 米，水线宽 27.5 米，吃水 8 米。采用滑跃式起飞跑道，飞行甲板长 167.8 米，宽 13.5 米。最高航速 28 节。

1990 年，海湾战争前夕，美国的航母航行在苏伊士运河上。

和 700 名海军陆战队员，从而全面实现了“由海向陆”的作战概念，“无敌”级航母又承担起新的作战使命。

1998 年年中，“卓越”号进行了为期 7 个月的前甲板延伸工程。其“海标枪”防空导弹被拆去，增加了一块四百余平方米的甲板面积，原“海标枪”的弹药库被改装成“鹞”GR7 的军械舱，这样，“鹞”式飞机上舰就更加方便了。

美国轻型航母改造工程

在第二次世界大战中，美国海军急需大量航空母舰服役，然而，新建造的“埃塞克斯”级无法迅速满足战争的需要，因此美海军着手将船型适合作航空母舰的九艘“克利夫兰”级轻巡洋舰改建为轻型航空母舰，并重新定型为“独立”级。

该级航母的首舰“独立”号原为轻巡洋舰“阿姆斯特丹”号，于 1942 年 2 月开始改建为轻型航母，改建工作完成于这一年的 12 月 31 日，“独立”号航母也在这一天完成服役。

此后，该级舰的其他八艘也均在 1943 年前相继服役。在战争中期，“独立”级航母与同样是新服役的“埃塞克斯”级航母一起，成为太平洋舰队扭转乾坤的关键力量。1944 年 6 月马里亚纳大海战中，美军出动六艘“埃塞克斯”级重型航母和全部九艘“独立级”轻型航母，一举击溃日本联合舰队剩余的航母力量，此战使日航母舰队从此失去航空战力，沦为莱特湾海战中的“诱饵”部队。到了 10 月，“独立”级航母再度参加莱特湾海战，其中“普林斯顿”号在 10 月 24 号的日军空袭中身中一枚 250 千克的穿甲弹。此弹击穿飞行甲板和机库，在主装甲板爆炸，引起大火并蔓延至机库。最后，该舰鱼雷弹头被引爆，将舰体炸裂，美国海军只好命令驱逐舰用鱼雷将其自沉。“普林斯顿”号也就成了“独立”级轻型航母在战争中损失的唯一一艘。

“独立级”轻型航母“卡伯特”号二战过后，被卖给西班牙，帮助其重建海军。西班牙海军将其命名为“迷宫”号，并于 20 世纪 40 年代末对该舰进行了改造。

兵器知识

> "小鹰"级航母从1968年开始进入现役
> 该级航母是最先进的常规动力航母

小鹰级航母

"小鹰"级是继"福莱斯特"级之后，美国建造的最后一级，也是最大一级常规动力航空母舰。"福莱斯特"级虽然获得巨大成功并奠定了现代重型航空母舰的基本模式，但数量太少，并且在建造与初步使用过程中也发现了一些问题。为了弥补数量不足和改进技术，美国海军自20世纪50年代中期开始建造"小鹰"级航空母舰。

四艘"小鹰"

"小鹰"级共建造了4艘，包括"小鹰"号、"星座"号、"美国"号、"肯尼迪"号。

CV63"小鹰"号常规动力航母——该舰为"小鹰"级首舰，1961年4月服役，常驻太平洋执勤。CV64"星座"号为"小鹰"级航母的第2艘，1961年10月27日加入太平洋舰队服役，性能与"小鹰"号一样。该舰服役后一直以加利福尼亚州的圣迭戈海军基地为母港。"美国"号航空母舰(CV-66)是该级舰的第三艘，1965年1月23日服役，1996年8月9日退役。CV67"肯尼迪"号是"小鹰"级航母的第四艘，也是美国建造的最后一艘常规动力航空母舰，该舰以美国第35任总统肯尼迪的名字命名，母港设在美国东海岸佛罗里达州的海军基地。

"小鹰"号隶属美国海军第五舰队，是美国最大的常规动力航母，舰上有官兵五千多人，可搭载80余架各型飞机。

兵器简史

1987年—1991年，"小鹰"号根据美国海军舰艇延长服役年限计划，在费城海军造船厂进行了为期4年的彻底改造，使它的服役年限从原来计划的30年增加到50年，而且配备了各种先进的F-14、F/A-18、EA-6B、S-3A/B、E-2CA飞机和SH-60直升机，大大地增强了它的空中、水面和水下立体作战能力。

完善的设施

"小鹰号"航母从底层到舰桥顶部共有11层，约有18层楼高，总计有两千四百余个仓室。其中从底部起1—4层为燃料仓、淡水仓、武器弹药仓和轮机仓，5—6层为舰员居住仓、食品库、餐厅和行政办公室，7—

“小鹰”级航母的武器装备包括3座8联装“海麻雀”舰对空导弹发射装置,3座“密集阵”近战武器系统,4座SRBOC电子对抗诱饵发射装置,1台SLQ-36“女水妖”拖曳式诱饵。

8层为舰载机维修间、维修人员的居住仓,9—10层则为机库、战斗值班室和飞行员餐厅。“小鹰”航母甲板上的岛式建筑也有8层之多,分别是消防、医务、通信、雷达等部门和航母战斗群的司令部。

由于该级航母上载舰员人数众多,其各种生活配套设施也十分完备,共设有1座海上医院,65张住院病床,6个手术室;4个百货商店;1个邮局;2个理发室和1个洗衣房等。“小鹰号”航母上还装有2400部电话和互联网终端,可以收看6个频道的有线电视节目。

第15舰载机联队

“小鹰”号上载有一个舰载机联队,即第15舰载机联队。该联队下辖了9个飞机中队,装备各型舰载机82架,其中F-14A“雄猫”战斗机20架、F/A-18C“大黄蜂”战斗/攻击队24架、A-6E“入侵者”攻击机16架、E-2C“鹰眼”预警机4架、EA-6B“徘徊者”电子战机4架、S-3B“北欧海盗”反潜机6架、SH-60F“海鹰”反潜直升机6架、HH-60H“黑鹰”救援直升机2架。

第15舰载机联队编制总人数2480人。该联队平时驻岸上,受太平洋舰队航空兵司令部的行政领导;参加训练或执行任务时随舰活动,此时行政上受航空母舰舰长的领导,作战上直接受航母战斗编队司令指挥。

“小鹰”航母战斗群

美国海军航空母舰在执行任务时,一般会配属水面作战舰只、潜艇和后勤辅助舰船组成航母战斗群。

小鹰航母战斗群司令部设在“小鹰”号航空母舰上,编制人数为70人,下设人事、情报、作战、通信和后勤5个科,负责对航母战斗群编制内的所有空中、水面和水下兵力实施作战指挥和战备训练。

“肯尼迪”号航母是美国历史上最后一艘常规动力航母

水下兵器

潜艇，顾名思义，是能够在水下活动和作战的舰艇，是世界历次大海战孕育了潜艇，赋予它生命力。同时，潜艇的出现又推动了世界海战革命的发展，伴随着其他海战武器的相继出现，真正使海战的形式从一维走向了多维空间。今天，完全可以说，一个没有潜艇的国家，不是海军强国；一个没有潜艇的海军，不是强大的海军，也不是完整的海军。潜艇和其他类型的海军舰艇一起构成了国家力量的象征。

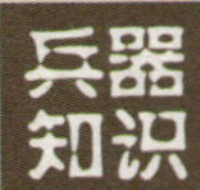

兵器知识

> 常规潜艇的自持力一般在45天左右
> 英国人制成了世界上第一枚鱼雷

潜艇简史

潜艇是一种能潜入水下活动和作战的舰艇，是海军的主要舰种之一。它主要对陆上战略目标实施核袭击，摧毁敌方军事、政治、经济中心；消灭运输舰船、破坏敌方海上交通线；攻击大中型水面舰艇和潜艇等。虽然潜艇的配套设备多样，技术要求高，全世界能够自行研制并生产潜艇的国家不多，但这丝毫没有影响到它在海战中的地位。

早期探索

传说，意大利的艺术大师兼发明家达·芬奇最早进行了关于潜艇的设计。然而，最早见于文字记载的潜艇研究者是意大利人伦纳德，他于公元1500年提出了“水下航行船体结构”的理论。1620年，荷兰物理学家德雷尔按照达·芬奇的设计，在英王詹姆斯一世的支持下建成一艘水舱，这就是人类历史上首次出现的潜水船只，是潜艇的雏形。之后，又经过了漫长而曲折的发展，美国人布什内尔终于在18世纪制造出了“海龟”号潜艇，并第一次试验性地用于实战，从此海战场开始从水面延伸到水下，战场的空间由一维扩展到了两维，拉开了人类水下战斗的序幕。这艘由单人操纵的木壳艇“海龟”号通过脚踏阀门向水舱注水，可使艇潜至水下6米，并能在水下停留约30分钟。艇上装有两个手摇曲柄螺旋桨，使潜艇可以获得3节左右的速度和操纵艇的升降。另外，艇内还有手操压力水泵，能排出水舱内的水，使艇上浮。艇外还携带着一个能用定时引信引爆的炸药包，可在艇内操纵挂放于敌舰底部。

德雷尔建造的潜艇在泰晤士河水下4米深处从威斯敏斯特航行到格林尼治，成功地潜航了2个小时。

“海龟”号的武器则是挂在艇体外面的一个重约68千克的炸药包，攻击时要将其挂在敌舰外壳上。

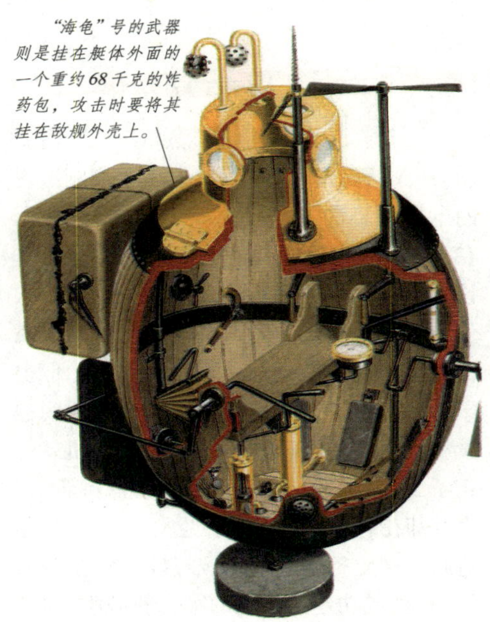

美国人D·布什内尔建造了一艘单人驾驶、以手摇螺旋桨为动力的木壳潜艇“海龟”号，能在水下停留约30分钟。

潜艇的诞生

然而，潜艇研制的重要时期是在18世纪末到19世纪末。1801年5月，在法国皇帝拿破仑·波拿巴的支持下，富尔顿建造完成了命名为“鹦鹉螺”号的潜艇。这艘潜艇的艇体为铁架铜壳，长6.89米，最大直径3米，携带有两枚水雷。水上采用折叠桅杆，以风帆为动力。水下则采用手摇螺旋桨推进器推进。为了解决水下呼吸问题，艇上还带有压缩空气，可供4个人和2支蜡烛在水下使用3小时，能潜至水下8米—9米处。它的武器是水雷，攻击方式与“海龟”号一模一样。后来，在1861年，美国南北战争爆发。为了打破北军对南军的封锁，亚拉巴马州的霍勒斯·亨莱于1863年和工程师麦克林、沃森一起研制出了“亨莱”号潜艇。

“亨莱”号由一台铁锅炉改装而成，长约18.29米，如同一支细长的雪茄，艇内设置有压载物和压载水仓，用来控制潜艇的沉浮。它的推进装置是一种像辘轳似的手摇曲柄，8名水手在一名指挥官的统一口令下同时摇动曲柄来推动潜艇。在“亨莱”号进行第一次试验时，遇到一艘蒸汽轮船兴起的波浪，大量的海水涌入艇内，除了指挥员逃生外，其他艇员全部丧生。后来，这艘潜艇被打捞上来，并且进行了修理。1863年，亨莱上校亲自指挥进行潜水试验。由于“亨莱”号潜艇操纵性不好，再加上指挥不当，艇首进水太多，使得艇首向下倾斜，扎进海底，全体艇员丧生，亨莱上校以身殉职。总而言之，“亨莱”号潜艇是早期出现的一艘著名潜艇，也是美国南北战争期间建造的军用潜艇。它是潜艇发展史上的最后一艘人力潜艇，在潜艇发展史上留下了悲壮的一幕。

其实，早在19世纪中叶，德国人威廉·鲍尔就根据富尔顿的设计，改进制成了“火焰”号潜艇，动力装置是用脚踏轮来带动螺旋桨转动。在一次试验中，由于操纵装置失灵，“火焰”号一头扎向海底，开创了潜艇历史上艇员逃生并且获得成功的先例。

新的尝试

以前的潜艇一直是由人力推进的，因此限制了潜艇的发展。而此时，蒸汽机已经发明并被应用到了铁路运输和水面舰船上。蒸汽机在潜艇上的应用，推动了潜艇动力装置的发展。

早在19世纪50年代，法国海军的一名工程师就提出了改装机械动力潜艇的建议，许多人也进行了这方面的尝试。直到1863年，法国建成了一艘“潜水员”号潜艇。艇体模仿海豚的外形设计，长42.67米，排水

1898 年，霍兰驾驶着他发明的潜艇从美国的帕特森航行到纽瓦克。

量420吨。这艘潜艇使用了一部功率为59千瓦的蒸汽机作动力，可以在水下潜航3小时，下潜深度约为12米。由于“潜水员”号采用了蒸汽机作动力，因此尺寸超过了当时所有的潜艇，成为了20世纪之前最大的一艘潜艇。

虽然这艘潜艇的动力装置有了质的飞跃，但它却受到当时设计水平的限制，当增加压载使其浮力等于零时，潜艇下潜就失去了控制，水下航行的稳定性也就变得很差。另外，潜艇在水下航行时需要大量的空气，而这在当时几乎是无法解决的问题。于是，“潜水员”号最终以失败而告终。

动力革命

随着蒸汽动力的出现，蒸汽机作为潜艇动力失败后，人们又把目光盯上了刚刚出现的电推进装置。经过3年的努力，霍兰终于在1878年将自己的第一艘潜艇送下了水。该潜艇被命名为“霍兰-Ⅰ”号，是一艘单人驾驶潜艇。艇长5米，装有1台汽油内燃机，能以每小时3.5海里的速度航行。但由于潜艇水下航行时内燃机所需空气的问题没有解决，所以潜艇一潜入水下发动机就停止了工作。虽然这是一艘不成功的潜艇，但霍兰却在它的身上积累了经验，为下一步建造新的潜艇打下了基础。经过改进，在1881年，霍兰成功建造了他的第二艘潜艇，命名为“霍兰”2号。19世纪80年代末期，潜艇的发展引起了更多国家的兴趣。1893年，长约45.7米、排水量为266吨的“古斯塔夫·齐德”号潜艇在法国下水了。它以电动机带动螺旋桨推动。在当时各国所出现的潜艇中，它是最先进的一艘。

到了20世纪初，潜艇装备逐步完善，性能逐渐提高，出现了具备一定实战能力的潜

“霍兰”号潜艇

鱼雷是潜艇的传统武器，除了极少数研究用潜艇和袖珍潜艇外，几乎所有潜艇都装备有鱼雷，主要用于对舰、对潜攻击。鱼雷是破坏舰艇水下结构的利器，命中1枚即可重创一艘驱逐舰，命中1—2枚可击沉或重创一艘万吨级商船。

1866年，英国建造了“鹦鹉螺”号潜艇，使用蓄电池作动力，航速6节，续航力80海里。

艇。这些潜艇采用双层壳体，具有良好的适航性，排水量为数百吨，使用柴油机——电动机双推进系统，水面航速约10—15节，水下航速6—8节，续航力有明显提高。武器主要有火炮、水雷和鱼雷。第一次世界大战前，各主要海军国家共拥有潜艇260余艘，成为海军重要作战兵力之一。

大放光彩

早在1886年，英国就建造了一艘使用蓄电池动力推进的潜艇（也被命名为“鹦鹉螺”号）成功地进行了水下航行，续航力约148千米。后来，经过潜艇设计者的不断努力，终于出现了以机械为动力的现代潜艇。在海战中，这些潜艇不但是运输舰船的克星，而且也是大中型战斗舰艇，特别是航母的敌手。

在第二次世界大战结束前击沉的42艘航母中，潜艇击沉的航母为17艘，占40.5%，其中潜艇单独击沉15艘，和航空兵协同击沉2艘；被击伤的38艘航母中，由潜艇击伤的为9艘，占23.7%。20世纪70年代中期，在地中海的一次多国联合演习中，埃及常规动力潜艇成功地突破了美国航母编队的直接警戒，到达离航母很近的距离上实施了潜望镜侦察照相，而航母及其警戒兵力竟没有发现。

80年代中期，前苏联的一艘攻击型核潜艇在日本海长时间对美军“小鹰”号航母进行跟踪，因距离太近造成了潜艇和航母相撞，导致前苏联潜艇被迫浮出水面，美国航母才发现了对方。1982年英阿马岛海战中，英阿双方都广泛使用了潜艇兵力。阿根廷的老式常规潜艇“圣路易斯”号成功地突破了英特混舰队的严密封锁，并在马岛封锁区内游弋了一个多月时间，先后3次向英国航母发起鱼雷攻击，只因为潜艇火控系统发生故障而未果，但对英航母编队构成了严重的威胁。

兵器简史

1864年2月17日晚上，“亨莱”号击沉了巡洋舰“休斯敦”号，这是人类历史上潜艇第一次实战胜利。但不幸的是，由于攻击距离太近，“亨莱”号被“休斯敦”号舷部大洞的水流紧紧吸住无法逃脱，因而成了后者的殉葬品，酿成了一出同归于尽的悲剧。

U 艇的一个致命缺点是机动性不足
邓尼茨被称为“潜艇战教父”

U 艇传奇

第一次世界大战和第二次世界大战期间，德国使用了一种特有的潜艇，这就是 U 艇。它们的名字都是由潜艇的首字母加上数字而组成的。作为一种主要的海上武器系统，潜艇的发展壮大并非得益于一场大规模的海战。第一次世界大战期间的德国潜艇战，对于形成第二次世界大战期间的世界海军战略产生了重大影响。

第一批 U 艇

1850 年，德国建造出了第一批潜艇，这些潜艇是由德国发明家威尔亨·鲍尔设计制造的。这项工程一直延续到了 1890 年由诺登非厄特别设计制造为 W1 与 W2 潜艇。之后于 1904 年，在位于基尔的克鲁勃船坞厂完成了售予俄罗斯的潜艇。其实，真正为德国海军制造的潜艇建造于 1905 年。

一战中的 U 艇

早在战前的美国内战时，潜艇就已经作为一种廉价的海岸防御武器投入使用了，但经过 19 世纪后期的一系列技术进步之后，才逐渐发展成为一种有效的海上武器。后来，在德国皇帝威廉二世的大力支持下，被称为“德国海军之父”的阿尔弗雷德·提尔皮茨海军上将，将德国海军从一只小型

据不完全统计，第一次世界大战期间世界各国建造的潜艇总数达到了六百四十余艘，仅德国就有三百余艘。上图为 1910 年—1912 年间，停靠在德国北部港口威廉港的潜艇舰队。

近海护航运输队建设成为了一只远洋舰队。起初，提尔皮茨对于发展潜艇并没有很大兴趣，他倾向于建设一只大型的水面舰队。直到1914年，德国海军才订购了第一艘潜艇——“U-1”。到1914年8月，德国已经建成了28艘U型潜艇，另有16艘正在建设中，第一批4艘U型潜艇由于艇身太小而无法投入实战，最后只能用做教练艇。而剩余24艘作为作战潜艇，也称为“前线潜艇”，编为两个潜艇支队。在一战期间，虽然潜艇能够执行水下作战任务，但是仍然需要克服很多不利因素的影响：首先，由于水下航速和续航能力有限，使潜艇很难追上攻击目标；其次，只依靠一名操作潜望镜的艇员进行搜索和判断，潜艇在水下航行时很难发现目标。相反，当潜艇在水面航行时，大多数的艇员都可以加入到侦察行列中，这样可以扩大搜索范围。另外，由于潜艇外形轮廓小，在海面上不易暴露。在发现目标后，潜艇习惯在水面实施追击和进攻，这是因为能够获得较快的航速，从而使攻击和撤离更加方便机动。正是由于这些原因，在战争早期，对于一些价值不大的目标，潜艇指挥官们一般会寻求在水面使用甲板火炮进行攻击，减少使用价格昂贵的鱼雷。

据统计，在第一次世界大战中，英、法潜艇共击沉18艘德国潜艇，约占德国潜艇损失数的10%；而德国潜艇共击沉英、法潜艇10艘。当然，这些潜艇都是在水面被击沉的。

首次参战

1914年8月6日凌晨，德国海军第一潜艇支队从黑尔戈兰湾出航执行作战任务，每艘潜艇间隔11千米左右，组成纵队向西北方向前进。在最初的两天里，他们没有发现一艘敌国船只。但到了8月8日中午，U-15号潜艇发现了3艘英国战列舰，于是紧急下潜，并对其中的君主号战列舰发射了一枚鱼雷，但却偏离了目标。这时，受到惊吓的3艘战列舰很快就消失在了大海之中。当日傍晚，执行任务的所有U潜艇都已抵达巡逻区的最北端，但仍无收获，他们决定掉头沿原路返回德国。就在返航途中，第一潜艇支队接到命令，在南奥克尼群岛附近海域待命39小时，准备伏击一支路过该海域的英国小型舰队。但是，保持水面航行的做法成为了德国海军U-15号潜艇毁灭的致命错误。8月12日3时左右，英国皇家海军伯明翰号巡洋舰发现了正在水面航行的U-15号潜艇，立即发起了攻击。当时，该潜艇并没有发现自己正处于危险的境地，而当醒悟过来时已经来不及躲避了。最后，伯明翰号巡洋舰直接撞击U-15号潜艇的艇身中部，使其断为两段，残骸在海面上漂了片刻即沉入海底，全体艇员无一生还。半小时后，U-18号潜艇发现了另外一艘英国巡洋

兵器简史

一战结束后，《凡尔赛和约》规定德国不得建造潜艇，也不得发动无限制的潜艇战。但德国不但在国内秘密研究潜艇，还先后向国外订购了8艘潜艇。1935年3月16日，德国公然撕毁了《凡尔赛和约》，制造了多艘潜艇。到1935年底，德国已经拥有了24艘潜艇。

U995 潜艇，1941 年 10 月 14 日下水。虽然 1943 年就被盟军俘虏且战绩平平，却是第二次世界大战参战潜艇中唯一完整保存到今天的 U 艇。

舰，但还未采取行动，这艘舰就已经消失在暴风雨中。8 月 12 日下午，第一潜艇支队在毫无收获的情况下回到了母港。在这次巡逻中，除了 U-15 号潜艇被撞毁外，德军还损失了另外一艘潜艇——U-13 号，因为该艇在 8 月 12 日上午意外失踪了。

获得胜利

1914 年 8 月 15 日，也就是在第一潜艇支队首次参战回到母港后的第三天，U-21 号潜艇和英国皇家海军"探险者"号轻巡洋舰在斯塔布角遭遇。当时海面上风高浪急，天气恶劣，U-21 号潜艇发射的鱼雷准确击中了"探险者"号巡洋舰的弹药舱，该舰发生剧烈爆炸，随即沉入了海底。一个多月后，U-9 号潜艇也在北海以南英吉利海峡以东处的海域获得了首场大捷。当时，U-9 号潜艇正在执行巡逻任务。刚好，阿布基尔号、霍格号、克雷西号以及尤瑞阿勒斯号和其他驱逐舰也在该海域进行阻止德国船只进入英吉利海峡的巡逻任务。由于多种原因，英国的三艘战舰和另外一艘战舰准备撤回它们的母港，只留下三艘巡洋舰进行巡逻任务。虽然有限的能见度妨碍了巡洋舰上瞭望的水兵，但却阻碍不了 U-9 号观测到他们的行踪。U-9 舰在发现目标后快速下潜，在监视中不断接近目标并且经过确认，确定是英国皇家海军的 3 艘装甲巡洋舰。大约 50 分钟后，U-9 潜艇进入了最佳攻击位置，这时舰长发射了第一枚鱼雷，准确击中了"阿布基尔"号巡洋舰，该舰的龙骨立刻遭到攻击并向左舷倾斜，舰员纷纷落水，并且在 20 分钟内沉没。此时，"克雷西"号和"霍格"号赶来救援。U-9 号的艇员再次填装鱼雷，并向右掉转航向，向霍格号发射了两枚致命的鱼雷。不久，"阿布基尔"号和"霍格"号相继沉入了海底。

二战中的 U 艇

20 年之后，第二次世界大战爆发。德国与盟国之间为了破坏和保护海上交通线，展开了一场大规模的战役——大西洋海战。严格地讲，大西洋海战并非一场独立的海

二战中德国的 U 艇 XXIII 型

U艇为耐压艇壳构造，艇身是细长的钢铁制造的圆筒，设有防水设施。耐压艇壳外侧设有巴拉斯特槽，下方有海水活门。如果把空气充入槽中，潜艇的浮力加大，潜艇就会上浮。如果打开海水活门和空气活门，海水就会进入槽中挤走空气，潜艇就能下潜了。

兵器解密

战，而是一场旷日持久的海上战争，有时也被形象地称为“海上阵地战”。在这场海战中，英德双方投入了全部的海上力量，整个美国海军大西洋舰队都参与到战争中，前后历时共5年零8个月，是战争史上持续时间最长、程度最复杂的一场海战。也正是在大西洋海战中，德国的U潜艇一举成名。邓尼茨将狼群战术付诸实践，并在战争中接受了最严酷的实战检验。战后，当时的英国首相丘吉尔在他的回忆录里写道：“战争中最使我心惊胆战的是德国潜艇的威胁。”就这样，在大西洋战场上，德国的U潜艇又一次占据了主导地位。从1939年第二次世界大战爆发，到法国沦陷，直至1941年3月，德国U潜艇在邓尼茨的狼群战术思想的指导下，对英国商船和运输队发起袭击并取得了辉煌战果，进入了所谓的第一阶段的“美好时光”。

重要的作用

在第一次世界大战中，潜艇作为新生力量发挥了重要作用。战后，世界各国更加重视潜艇的发展。到第二次世界大战爆发时，各国共拥有900多艘潜艇，其中美国111艘，前苏联218艘，英国212艘，法国77艘，意大利115艘，日本62艘，德国57艘。这些潜艇无论在吨位、航速、航程、潜深上，还是在武器装备、水声设备、电子设备以及动力装置上都有了很大的进步。在整个二战期间，各国共建造了1600多艘潜艇。这些潜艇取得了击沉各种运输船五千余艘、两千余万吨、击沉击伤各型军舰381艘的辉煌战果。德国虽然是一战的战败国，但它的潜艇作战成就远远超过其他国家，对潜艇的威力认识最深，对潜艇的作战理论也研究最透。所以在“二战”的大西洋战场上，德国潜艇占据了主导地位，其凶恶的U艇和著名的“狼群”都在潜艇历史上留下了浓墨重彩的一笔。

第二次世界大战中，一个士兵正从潜艇的逃生舱中逃生。

> 美国"蝠鲼"无人潜艇可进行自主攻击
> 1999年美国鱼雷侦察系统投入使用

现代潜艇

自20世纪50年代开始，随着核动力技术的发展，核动力化的潜艇逐渐开始替代传统的柴电动力潜艇，而氧气也可以通过设备萃取海水中的氧气成分来补充。这两项历史性的革新使得潜艇的潜航续航力从以前的几小时增加到了数周乃至数月。与此同时，伴随着材料学和焊接技术的进步，以前从不敢想的海下航行终于得以实现。

第二次世界大战中德国的潜艇残骸

二战后的发展

第二次世界大战后，世界各国海军都十分重视新型潜艇的研制。核动力和战略导弹的运用，使潜艇发展进入了一个新阶段。1955年，美国建成的世界上第一艘核动力潜艇正式服役，水下航速增大1倍多，而且能长时间在水下航行，1958年，首次成功地在冰层下穿越北极。在1959年前后，前苏联也建成了核动力潜艇。1960年，美国又建成了"北极星"战略导弹潜艇"乔治·华盛顿"号，并在水下成功地发射"北极星"弹道导弹，射程达两千多千米。弹道导弹核潜艇的出现，使潜艇的作用发生了根本性变化，目前，它已成为活动于水下的战略核打击力量。此后，英国、法国和中国也相继建成核动力战略导弹潜艇和核动力攻击潜艇。20世纪80年代，核动力潜艇排水量已增大到2.6万多吨，并装备有弹道导弹、巡航导弹、鱼雷等武器，水下航速20—42节，下潜深度300—900米，续航力、隐蔽性、机动性和突击威力都有很

兵器简史

1982年，英国和阿根廷在马尔维纳斯（福克兰）群岛海战中，英国海军核动力攻击潜艇"征服者"号，于5月2日用鱼雷击沉阿根廷海军巡洋舰"贝尔格拉诺将军"号，这是核动力潜艇击沉水面战斗舰艇的首次战例。

自主式无人潜艇在执行任务时无需对其遥控，从承载平台发射后，由任务管理软件自行控制，确定航向、航速、潜深、规避机动，它能远离母舰，独立活动。此外，这些潜艇还要能够在潜水母艇或水上战舰等平台上自如地进行施放和回收。

大程度的提高。据统计，至20世纪80年代末，世界上近40个国家和地区，共拥有各种类型潜艇九百余艘。

有效的屏障

在现有的海上作战兵力中，水面舰艇、岸基航空兵都存在着作战半径有限和生存能力弱等不足，只有当航母进入有效作战半径范围以内时才有可能对其发起攻击。在这种情况下，只有潜艇兵力才有可能对其进行突击。在第二次世界大战结束以来的半个多世纪里，尽管反潜兵力兵器有了很大的发展，但是海水仍是潜艇隐蔽的有效屏障。即使是当代海军强国，对水下潜艇的发现、定位、攻击、消灭也不是一件容易的事情。

发展趋势

随着科学技术的发展和反潜作战能力的不断提高，潜艇的战术技术性能也将进一步提高。其发展趋势是：发展艇体“隐身”、“降噪”技术，提高隐蔽性；研制高强度耐压材料，增大潜艇下潜深度；发展核动力潜艇大功率核反应堆，提高水下航速，延长堆芯使用寿命，提高在航时间；常规动力潜艇要增大电池容量，以提高水下机动性；装备高效能的综合声呐、拖曳声呐和水声对抗设备；提高导弹的射程、命中精度、打击威力，增加分导多弹头等抗反导能力；提高鱼雷的航速、航程，并使其实现智能化；进一步提高驾驶、探测、武器和动力等系统以及其他设备的操纵自动化水平等。

智能化的潜艇

许多尖端武器在几年前还只是科学家的构想，但随着现代科技的迅猛发展，如今即将变成现实。未来智能性潜艇将获得空前发展，并在海战中发挥越来越重要的作用。而随着新型超导材料的出现，实际应用也将成为可能，并拓展潜艇的发展空间。此外，随着新一代多用途核潜艇的发展，新一代适用于近海作战的核潜艇将与几十年来外形、功能大同小异的传统核潜艇形象彻底“划清界限”。总的来说，未来的新一代无人潜艇将以智能化、自主性为主要特征。

现代的潜艇正逐步迈向科技含量高的发展趋势，迎接未来想战争。

兵器知识

> 世界上第一艘潜艇出现于17世纪中期
> 2000年8月8日，“亨利”号被打捞出海

潜艇的第一 》》》

自世界上第一艘潜艇出现后，潜艇的发展经历了许多的阶段，创造了多个第一。潜艇的推进系统由人力发展到了电能、机械能，装备的武器越来越先进，下潜的深度和续航力也在不断提高。20世纪初，潜艇的装备逐步完善，性能逐渐提高，出现了具备一定实战能力的潜艇。之后，潜艇还在一战和二战中发挥了巨大的作用。

第一艘潜艇

在古代，人们坚持认为水下航行是可以实现的，并且制造了许多种潜水器对海底或水下进行探索、研究，但当时并没有成熟的理论指导。直到17世纪，在荷兰出现了一位伟大的发明家——科尼利斯·德雷贝尔，他在1620—1624年这4年的时间里，设计制造了世界上第一艘潜艇，并且进行了试验。这种早期的潜艇大部分是由木头制成的，在潜艇表面盖上了一层抹了油的牛皮，并把羊皮囊装入船内充当水柜。在这艘船上一共有12名水手，下潜时，水柜里会被灌入大量的水，而当上浮时，便把水柜里的水挤出去。在航行的过程中，一直是靠人力来划动船桨的。

首次执行作战任务

在1776年，也就是美国独立战争时期，潜艇执行了首次的作战任务。当时，美国的戴维·布什内尔制造了一艘名为“海龟”号的潜艇。该潜艇的外形很像一枚鸡蛋，头部稍尖，只能容得下一名船员。这艘潜艇的底部有水柜和水泵，装着手摇式的螺旋桨，在潜艇外部还挂着一些炸药。在战争中，美国军队命令一名军人驾驶这艘潜艇准备偷袭停靠在纽约港的一艘名叫“鹰”号的英国军舰。这名驾驶员本来想驶向“鹰”号舰的底部，然后通过木钻在船底凿一个洞，然后装上炸药，可是没想到舰底四周全是用铜皮包

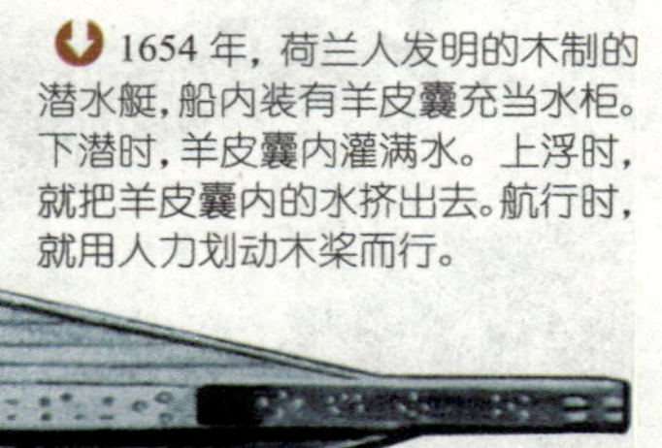

1654年，荷兰人发明的木制的潜水艇，船内装有羊皮囊充当水柜。下潜时，羊皮囊内灌满水。上浮时，就把羊皮囊内的水挤出去。航行时，就用人力划动木桨而行。

在“海龟”号潜艇的艇背上装有一个重约68千克的水雷，水雷的一端系在一个钻头上，当潜艇潜至敌舰的底部时，驾驶员则将钻头钻入敌舰，然后解开水雷和潜艇的连接，等到潜艇航行到离敌舰比较远时，在定时机构的控制下炸毁敌舰。

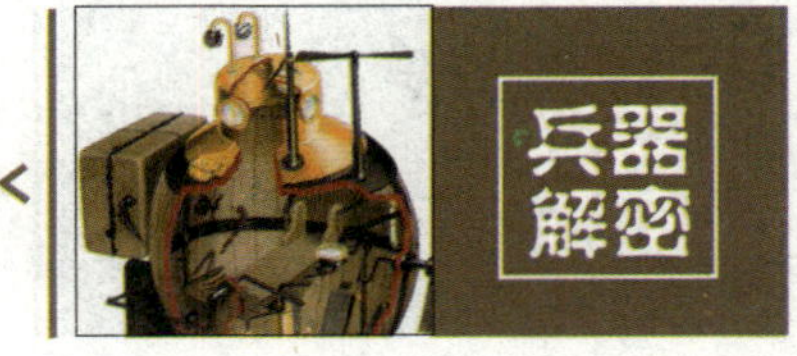

“海龟”号的上浮与下潜

裹着的，根本钻不透的。这时，潜艇里的空气也不够了，这位驾驶员便匆忙逃走了。

成功的例子

在首战失败后，“亨利”号潜艇创造了成功的纪录。它击沉了北方联盟一艘最大的战舰，是海战历史上潜艇首次成功击沉战舰，然而之后它却在返航途中神秘消失于茫茫大海中。大约在1864年2月17日晚上8点，在中尉乔治·狄克逊的指挥下，8名艇员奋力摇动曲柄轴，驱动着“亨利”号潜艇秘密潜入北方海军基地——查尔斯顿港，悄悄逼近北军的“豪萨托尼克”号巡洋舰，并成功地发射了一枚重达90磅的鱼雷。虽然“豪萨托尼克”号的瞭望拉响了警报。战船上的水手们也迅速各就各位，并向“亨利”号不停地射击，但为时已晚。两分钟后，“亨利”号头部的“长杆鱼雷”猛烈地撞击“豪萨托尼克”号右舷的水下部位。随着一声巨响，人类历史上第一次潜艇攻击大型水面舰艇的纪录就这样诞生了。

潜艇携带飞机的尝试

随着技术的发展，人们也进行了新的尝试。当飞机刚出现不久，人们便开始试验用潜艇携带飞机，发展成更加厉害的航空母舰。他们设想，虽然航空母舰能够携带许多的飞机，但目标较大，容易受到攻击。那么，潜艇的隐蔽性好，能否用它来携带飞机？在1922—1924年，美国海军购买了14架小型飞机，设想由潜艇携带。1923年，他们在潜艇上装上了水上飞机，但最后没有能成功起飞。在1925年，法国的“絮库夫”号潜艇上也安装了一个小型的水上飞机，专门用于试验。但因为堆砌技术，缺乏实用性，这艘潜艇在实际的战争中并没有发挥什么作用。在第二次世界大战期间，日本建成了当时最大的潜水航母，艇上装有3架飞机机库和一些重量级的武器装备，曾向被围困的岛上送过飞机。

兵器简史

天津机器局于1880年就制造出了中国第一艘潜艇。当时的报纸介绍说，该船入水后半浮水面，样式如橄榄，能驶往水底暗送水雷并置于敌船之下。中秋节下水试行，非常敏捷好用，因当时河水不深，船入水后水标仍然浮出水面。

> 核潜艇基本上全部是在水下航行的
> 现代潜艇的结构有单壳式和双壳式

深藏大海

潜艇的主要特点有3个，一是隐蔽性好，二是续航力大，三是突击威力大。在这些特点中，最突出的就是隐蔽性好。在浩瀚的大海中，潜艇一旦潜入水下，很多仪器和探测设备很难发现它的行踪。潜艇和水面舰艇不同，它既能在水下航行，也能在水面上航行，并且拥有着多种航行状态。即使是在水下，型号不同的潜艇所下潜的深度也是不一样的。

下潜和上浮

与水面上的舰艇最大的区别就是潜艇拥有水柜。在水面航行的舰艇最大的弱点就是舱内不能进水，否则就会沉没。但对于潜艇来说，灌入海水是必须的过程，只有充满足够的海水，它才会慢慢潜入水中。所以，在潜艇上设计有专门的水柜，如操纵水柜、生活水柜等。在潜艇的内壳和外壳之间常常有十多个主水柜，它们可以帮助潜艇储存更多的水。潜艇的操作系统主要就是用于实现潜艇的下潜和上浮，保持水下均衡，以及变换航向、深度等。当潜艇的主压载水舱注满水时，就会增加重量以抵消其储备的浮力，即从水面潜入水下，通过操纵体和舵来控制下潜的深度。如果用压缩空气把主压载水舱内的水排出，重量便会减小，储备浮力恢复，即从水下浮出水面。另外，艇内还设有专门的浮力调整水舱，用于注入或排出适量的水，以调整因物资、弹药的消耗和海水密度的改变而引起的潜艇水下浮力的变化。

航行状态

当潜艇在水上航行时，一般有4种基本的航行状态。第一种就是在水面上航行，也就是像水面舰艇那样活动。当潜艇驶入港口、经过浅水区域或系统发生故障、出现意

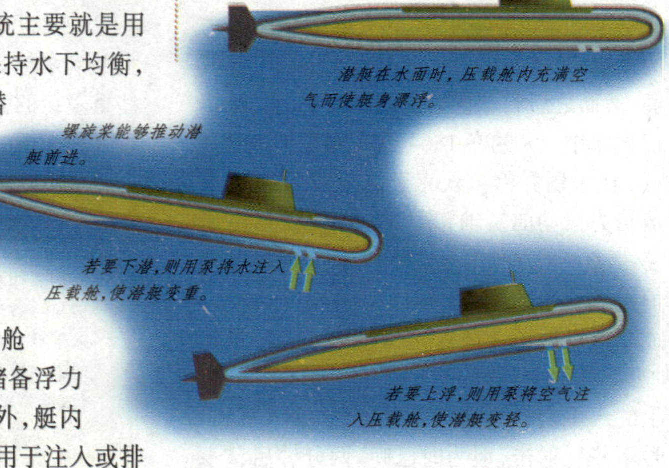

潜艇在水面时，压载舱内充满空气而使艇身漂浮。

螺旋桨能够推动潜艇前进。

若要下潜，则用泵将水注入压载舱，使潜艇变重。

若要上浮，则用泵将空气注入压载舱，使潜艇变轻。

兵器解密

为了保持一种均衡状态，潜艇上还专门设置一些小柜，通过调整水量来控制潜艇的稳定。而潜艇上的方向舵则是用来保持和改变航向的。另外，为了保持和改变深度，潜艇上还装有升降舵。方向舵一般装在潜艇的尾端，而升降舵一般装在潜艇的首尾两端。

外时，一般使用这种航行状态；当潜艇从水面航行慢慢转入水下航行时，一般采用一种过渡的状态，这就是半潜航行状态，在平时，这种航行状态很少使用；另一种是通气管状态，大部分用于柴油机工作或为电池充电，一般来说，只有常规潜艇经常保持这样的航行状态；最后一种就是经常采用的水下航行状态了，这时，潜艇会全部深入水下进行航行。

下潜深度

潜艇在水下航行时，一般可以在5种深度进行航行和停留：一是潜望深度，即潜艇把望远镜和其他雷达、天线等器材升出水面的深度，通常在7—15米之间，在这样的深度下航行，可以对天空、海面和陆地进行搜索或联络；二是危险深度，一般在10—25米之间，在这一范围航行，潜艇很容易被敌方的反潜兵力发现，也会和大型的水面舰艇发生相撞事故，所以潜艇一般不在这样的深度航行；三是安全深度，在25—30米之间，这样的深度不易被敌方发现，也不会和别的舰艇相撞，所以，这便是潜艇想浮出水面或使用器械的理想深度；四是工作深度；五是极限深度，小型潜艇为120—150米，中型潜艇为300—400米，而大型潜艇在300—600米之间。对于普通的潜艇来说，只有在遇到特殊的情况时，才会进入极限深度。

潜艇

影响下潜深度的因素

一般来说，潜艇下潜的深度与多种因素有关系。一是是否采用耐压壳体的材料；二是潜艇的形状，圆的形状受力最均匀，也最耐压，下潜深度可以最深；三是焊接质量的好坏；四是耐压壳体上的开孔大小；五是海底深度，可以说，海水深度能够限制潜艇的下潜深度。

兵器简史

早期潜艇使用的武器主要是定时引爆炸药包或水雷。1866年，英国人怀特黑德制成第一枚鱼雷。1881年，“诺德费尔特”号潜艇首次装备了鱼雷发射管；同年，美国建造的“霍兰”2号潜艇也安装了能在水下发射鱼雷的鱼雷发射管，这是潜艇发展史上的一项重要成果。

兵器知识

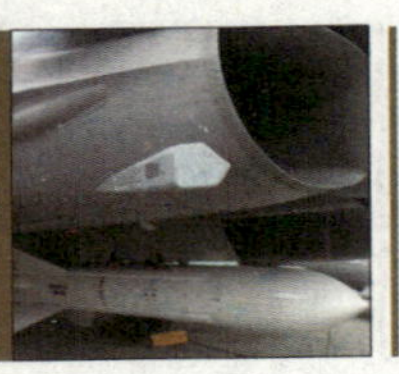

> 飞鱼导弹被追赶时可跃出水面8—10米
> “麦克”级核潜艇的艇体由钛合金制造

攻击型核潜艇

攻击型核潜艇是没有装备战略核导弹，不用于执行战略核打击任务，而主要以各种常规弹头的潜射战术武器为主要武器。它主要用于执行搜索、护航和攻击等任务。与之不同的是战略核潜艇，即装备了战略核导弹，主要用于执行战略核打击任务的核潜艇。当时，拥有攻击型核潜艇的国家主要就是美国和前苏联。

第一艘核动力潜艇“鹦鹉螺”号

核潜艇的分类

目前，全世界公开宣称拥有核潜艇的国家有6个，分别为：美国、俄罗斯、中国、英国、法国、印度。其中，美国和俄罗斯拥有的核潜艇最多。按照任务与武器装备的不同，核潜艇可分为：攻击型核潜艇（以鱼雷为主要武器的核潜艇，用于攻击敌方的水面舰船和水下潜艇）、弹道导弹核潜艇（以弹道导弹为主要武器，也装备有自卫用的鱼雷，用于攻击战略目标）、巡航导弹核潜艇（以巡航导弹为主要武器，用于实施战役、战术攻击）。因为攻击型核潜艇是采用核动力推进，但并不发射核导弹的战术潜艇，所以，限制战略核武器的条约对它没有多大约束力。由于核动力装置具有续航力，并且几乎没有限制的巨大优点，所以这种潜艇可以毫无顾忌地长期在水下航行，跟踪敌方潜艇或水面舰艇，必要时还会发起突然袭击。其实，原来的攻击型核潜艇武器比较单一，后来发展到可以装备各种导弹之后，便成为了一个综合多用途的水下攻击平台。实际上，它完全可以取代战略导弹潜艇、巡航导弹潜艇、常规潜艇等各种潜艇，所以，发展前景十分广阔。目前，印度等国正在致力于攻击型核潜艇的研制。而攻击型核潜艇和战略导弹核潜艇一样，主要分布在美、俄、英、法、中这5个国家。

1956年—1961年期间研制的“鲣鱼”级攻击型核潜艇，共建造了5艘，该级艇是世界上首级采用水滴形壳体的核潜艇，大大提高了水下航速。

美国的核潜艇

美国是最早发展攻击型核潜艇的国家，是攻击型核潜艇的发源地。早在1954年就建成了世界上第一艘攻击型核潜艇——“鹦鹉螺”号，至今已发展了六代共13个级别，100多艘了。第一代是“鹦鹉螺”级和“海浪”级，于1954年开始服役，主要用作试验。后来，美国开始批量生产核潜艇，这也就是第二代“鳐鱼”级核潜艇，于1955年开工，1959年服役，同级艇4艘。这是美国首次批量生产的核潜艇，从此，核潜艇开始成为美国海军一个独立的战术单位。“鳐鱼”级攻击核潜艇出现，标志着美国发展原子核潜艇的试验阶段已经完成。另外，在“鳐鱼”级建造的同时，为了提高航速，美国建造了“大青花鱼”号试验潜艇，用它实施了在提高水下性能的有关各项试验，特别是提高航速方面的试验取得了良好的效果。这种航速的提高不是靠加大动力，而是减小潜艇在水下的阻力来获得的。于是，美国决定采用水滴形线性来建造潜艇。在1956年—1961年间开始制造第三代核潜艇“鲣鱼”级，于1961年服役，装备着6个鱼雷发射管。该级核潜艇不仅是第一级采用水滴型艇体的潜艇，还是世界是第一次采用标准压水堆、围壳舵、单轴推进的潜艇。在6艘“鲣鱼”级艇全部建成后，除1艘部署在太平洋外，其余5艘都游弋于大西洋。因为没有参加过战争，所以这级核潜艇也就平平淡淡过去了。第四代则是“长尾鲨”和“鲟鱼”级了，它们分别于1968年和1975年服役，建造的数量较多，并

美国“鲟鱼”级攻击核潜艇

且具有对舰和对地的攻击能力。"鲟鱼"级核潜艇的水上排水量5700吨，水下排水量5800吨，艇长119米，艇宽9.2米，水上航速20节，水下航速24节，编制90人。第五代是"洛杉矶"级，于1976年开始服役。第六代是"海狼"级，从20世纪90年代中期开始服役，已经是比较先进的核潜艇了。

"洛杉矶"级核潜艇

"洛杉矶"级核潜艇是现役数量最多的，一共建造了六十多艘，水下排水量为6930吨，潜深约450米，艇员约129人。攻击型核潜艇一般以鱼雷为主要武器，在80年代以后，开始装备反舰导弹。洛杉矶级核潜艇除了继续装备上述武器外，从1989年起还开始装备远程对地攻击的战斧巡航导弹，每艘艇装备12枚，采用垂直发射方式进行水下发射。在海湾战争中，这种潜艇首次向伊拉克本土发射了10多枚战斧导弹。然而在目前，最新的潜艇是海狼级，1997年才服役，水下排水量9142吨，每艘艇造价29亿美元，是最先进的一级攻击型潜艇。它的主要优点是噪音小，隐身性能好，水下航速高，携载武器数量多，鱼雷和导弹加在一起有五十多枚。

前苏联的核潜艇

前苏联于20世纪50年代开始研制攻击型核潜艇，已经发展了四代。最有名的是第三代A级艇，1983年服役，共建造了6艘。这级潜艇的水下排水量不大，只有3300吨，但航速特别高，达到了42节；潜深也非常大，可达600—900米，因此成为了世界上跑得最快、潜得最深的一级艇。第四代中的"塞拉"级和"麦克"级也小有名气，其中"塞拉"级艇继续采用前苏联独有的双壳体结构，这种壳体除了能让它多装一些武器和电子装备外，最主要的是有效地降低了被武器命中时的破坏程度，即大幅提高了艇的抗沉性。因为艇壳体是用钛合金材料制造的，所以"塞拉"级正常的工作深度可达800米，是目前世界现役军用潜艇中下潜深度最大的潜艇之一。而"麦克"级的水下排水量可达9700吨，是世界上吨

美国海军在20世纪70年代开始建造"洛杉矶"级核动力攻击潜艇，它是当今美国海军潜艇部队的中坚力量，也是世界上建造最多的一级核潜艇。

“飞鱼”导弹在世界上享有很高威望，被称为“海上杀手”。该导弹是由法国研制的，据说是受飞鱼的启发而发明的一种空对舰导弹。在热带海洋众多鱼种中，有一种会飞的鱼。这种鱼不仅在水中会游泳，还能在水面以上飞翔。

“洛杉矶”级的驾驶舱

位最大的攻击型核潜艇。除此之外，英国和法国也都发展了具有自己特色的核潜艇。

英国的核潜艇

自1963年，英国也开始发展攻击型核潜艇，目前，已发展了四代。第一代“无畏”级，只有一艘，潜艇长81米，水下排水量3500吨，水下航速为28节。后来发展到第二代“勇士”级核潜艇时，水下排水量就达到了4800吨，潜深300米。该级核潜艇曾在1982年的马岛海战中击沉了一艘万吨级巡洋舰。在发展过程中，最著名的是第四代“特拉法尔加”级，因为它是英国性能最先进、吨位最大的一级攻击型核潜艇，水下排水量可达5208吨，水下航速达32节。

“红宝石”级核潜艇

与美国相比，法国的核潜艇发展较晚，而且选择了一条与众不同之路。它首先发展的是战略核潜艇，这与其坚持独立的国防政策、急需核威慑力量有关。直到1976年，法国才开始建造自己的第一级攻击型核潜艇——“红宝石”级。该潜艇于1983年开始服役，共建造了6艘，其中后2艘为改进型。这艘潜艇的舰体全长72米，宽7.6米，水上航行时吃水6.4米，水上排水量2385吨，水下排水量2670吨，仅相当于一艘常规潜艇，是世界上吨位最小的核潜艇。该级潜艇虽然小，但有艇小的优势。因为法国是地中海沿岸国家，它的海军主要活动在地中海，而这一海域的许多海区都非常适合“红宝石”一显身手。它的水下航速为25节，潜深300米，有66名艇员，装备4个鱼雷发射管，艇上备有18枚鱼雷，同时还可使用鱼雷发射管发射飞鱼反舰导弹。另外，该级艇的小尺寸反应堆也很有特点，它采用了“积木式”的一体化设计原理，即反应堆的压力壳、蒸汽发生器和主泵联结成一个整体，反应堆的所有部件都是一个完整的结合体，这就使反应堆具有结构紧凑、系统简单、体积小、重量轻、便于安装调试、可提高轴功率等一系列的优点，并有助于采用自然循环冷却方式，以降低潜艇的辐射噪声。

兵器简史

法国海军最初于1954年尝试建造核动力攻击潜艇，第一艘于1956年开工。不久后却因美、法两国的政治冲突，导致美国拒绝供给核子反应所需的浓缩铀给法国，法国被迫自行研发使用天然铀的重水核反应炉，但却没有取得成功。最终，整个计划不得不中止。

兵器知识

> “弗吉尼亚”号将是美军近海作战主力
> 核动力是继柴电动力之后发展起来的

海狼级核潜艇

“海狼”级核潜艇是美国的第六代攻击型核潜艇，在1989年开始建造，于90年代中期开始服役。它是最昂贵的核潜艇，价格将近10亿美元，同时也被认为是最安静的核潜艇，全舰被设计成能够延伸游弋至北冰洋海域。另外，它设计独特、水下航速高、武器装载量大，被认为是美国性能最先进、吨位最大的一级艇。

“海狼”级的结构非常适于冰下航行。它采用水滴形艇体，阻力较小，有利于提高航速。此外，“海狼”级还配有先进的电子设备，水下探测能力很强。

优势

“海狼”级潜艇是美国在冷战后期设计的一种潜艇，当时的目的是让它在前苏联战略核潜艇对美国发动核打击之前将其摧毁。因此，“海狼”级使用了最先进的技术，装备了最强大的武器，并创下了水下航速最高、隐身性最好、机动能力最强等多项纪录。该核潜艇比以往的洛杉矶级潜艇宁静、更大和更快，有两倍多的鱼雷发射管8具，这8具鱼雷管发射口都比过去的口径大，这样可以方便未来安装新服役的武器。该潜艇拥有深海作战优势，可以猎杀当时前苏联海军先进弹道飞弹潜艇，如台风级和阿库拉级核潜艇。“海狼级”潜艇设计的长宽比较低，并且只具有6片舰艉平衡翼，这有利于其操控性的提升。而舰艏的平衡翼可收缩至舰体，以利于冰下操控。该潜艇能够用极为安静的方式在水下以20节的速度航行，一般不

第一艘“弗吉尼亚”号于1998年开工建造,2004年建成服役。该级艇的下潜深度500米,装备有最先进的武器,可以发射美国海军正在研制的“曼塔”可回收自主式无人潜水器,用于水下侦察、扫雷和反潜;还能快速部署6人“海豹”突击小组。

兵器解密

兵器简史

目前,“卡特”号攻击核潜艇在美国康涅狄格州的新伦敦潜艇基地正式服役。它以美国前总统吉米·卡特的名字命名,是“海狼”级潜艇家族的最后一位成员,前两艘分别是1997年和1998年服役的“海狼”号及“康涅狄格”号。

会受到潜舰本身的噪音,影响搜寻。

火力强大的“卡特”号

作为“海狼”家族的最新成员,“卡特”号的技术含量最高。它历时 10 年建造完成,成本高达32亿美元。该潜艇的艇身全长135米,排水1.2151万吨。它在水下的巡航速度可达25节,最大下潜深度为610米。艇上装备着50枚“战斧”巡航导弹、“捕鲸叉”反舰导弹和MK48-5重型鱼雷,另外,还携带有100枚水雷。所以,它可以称得上是美军最先进、火力最强大的潜艇。

理想的“水下间谍”

一般在下水之前,美国海军会对“卡特”号采取极严格的保密措施,让它停靠在一个有顶的干船坞内,防止间谍或侦察卫星拍到它的组装过程。之所以这样做,是因为该艇将执行特殊任务。与前两艘“海狼”相比,“卡特”号的艇身长了三十多米,排水量增加了2500吨,这是因为它加装了一个多任务平台。这个平台可以担负新一代武器、传感器和水下航行装置的试验任务,还可以用来对水下战的概念进行秘密研究、开发、测试和评估。因此有人还把“卡特”号称为美国海军的“水下试验室”。

除此之外,“卡特”号的另一项重要使命就是担任美国海军的“水下间谍”,在水下搜集情报,包括对重要目标进行侦察与监视,窃听海底电缆通信内容等。之前,美国海军的主力间谍潜艇“帕奇”号刚退役,它的任务之一就是窃听俄海军基地之间的通信。现在,“卡特”号接替了它的任务。“卡特”号搭载了最先进的电子侦察设备,可以接近敌国海岸从事间谍活动。此外,它上面还可搭载“先进投送系统”,能一次投送50名全副武装的“海豹”特种兵,可谓是无人能敌。

“海狼”级前两艘潜艇下潜深度可达610米。

此图为美国海军“海狼”级核动力攻击潜艇的第三艘。

> 首艘"北风之神"级核潜艇于2007年下水"台风"级核潜艇可以同时发射两枚导弹

战略核潜艇

战略核潜艇又称弹道导弹核潜艇，是一种以发射弹道导弹为主要作战任务的潜艇。有时，也把装备射程较远、带核弹头的巡航导弹的核潜艇归为战略核潜艇。在冷战年代，东西方阵营的各个国家都建造了相当数量的弹道导弹潜艇，以及装备这些潜艇的核导弹。迄今为止，世界上也只有美、俄、英、法、中五国拥有战略导弹核潜艇。

实施"二次打击"

战略核潜艇携带有核弹头的弹道导弹，对别国有威慑力量，是三维核打击的重要一环。三维核打击指的是空基核武器、陆基核弹道导弹和海基的弹道导弹。弹道导弹核潜艇是冷战时期核威慑的重要工具。在陆基弹道导弹和空基战略轰炸机等核武器投射力量遭到敌方毁灭性的打击之后，弹道导弹潜艇还能作为隐蔽的核攻击力量给与敌方"第二次核打击"。对于弹道导弹来说，它的终端速度很高，不易拦截，为了更加隐蔽，战略核潜艇更多的是在水下发射弹道导弹，这种在水下发射的弹道导弹也称为潜射弹道导弹。与攻击型核潜艇和巡航导弹核潜艇最大的不同是，战略核潜艇可以用于在战略上实施二次核打击。然而，在进行攻击时，战略核潜艇的最重要的是不被发现，它

被称为"当代潜艇之王"的美国"俄亥俄"级战略核潜艇所携载的弹道导弹，射程达到1万千米以上，可以进行全球攻击。

1960年7月,美国“乔治·华盛顿”号核潜艇首次水下发射“北极星”A1潜地弹道导弹,这是世界上第一艘战备导弹核潜艇。

常用的手段包括长时间潜航,铺设消声瓦,使用最安静的推进系统和减少各种机器的震动等。为了携带和发射弹道导弹以及长时间隐藏于水下,这些潜艇的吨位与尺寸会比其他核潜艇大得多。

美国的战略核潜艇

美国海军对战略核潜艇(弹道导弹核潜艇)的分类代号是SSBN,其中SS指的是潜艇,N指的是核动力,B代表弹道导弹。法国海军则将弹道导弹核潜艇的代号命为SNLE(核动力潜射导弹潜艇)。冷战期间(1946—1991),美国共发展了四代弹道导弹核动力潜艇,分别是“乔治·华盛顿”级、“伊桑·艾伦”级、“拉斐特”级和“俄亥俄”级。然而,与美国抗衡的前苏联,也发展了四代弹道导弹核动力潜艇。英、法发展了二代弹道导弹核动力潜艇。

“乔治·华盛顿”级核潜艇

20世纪50年代,为了在与苏联的竞争中占据优势地位,美国将正在建造的”蝎子”号攻击核潜艇改造成了一艘战略核潜艇。它们把这艘攻击核潜艇从指挥台围壳后面拦腰斩断,在中间插入了一段长约39.6米的分段,并在其中安放了16枚“北极星”战略导弹及其指控系统。1959年,这艘被改名为“乔治·华盛顿”号的战略核潜艇终于开始服役了。

“乔治·华盛顿”级弹道导弹核潜艇一共建造了5艘,分别是SSBN−598“乔治·华盛顿”号、SSBN−599“帕特里克·亨利”号、SSBN−600“西奥多·罗斯福”号、SSBN−601“罗伯特·E·李”号、SSBN−602“亚伯拉罕·林肯”号。这5艘战略核潜艇都编人了第14潜艇中队,以苏格兰的霍利湾为基地,在北大西洋执行非战时巡逻任务。

法国战略核潜艇

法国的计划是先发展弹道导弹核动力潜艇,然后再发展核动力攻击潜艇。法国海军的第一艘核动力潜艇是1971年服役的“可畏”号核动力弹道导弹潜艇。法国的“可畏”级弹道导弹核潜艇是法国第一代弹道导弹核潜艇,共建6艘,第一艘“可畏”号于1967年3月下水,1971年服役。其余的分别是“霹雳”号、“可怖”号、“无敌”号、“雷鸣”号、“不屈”号。随着“可畏”号在1991年退

“无畏”号战列舰

潜艇上的工作人员正在主控制舱内工作

役后，该级潜艇改为了“不屈”级。“可畏”号潜艇装有4具533毫米的鱼雷发射管，可携带18枚鱼雷。最初的该级潜艇上还配置有M1潜射弹道导弹。后来，法国海军在测试完成后，将M4导弹部署于所有的“可畏”级潜艇上（“可畏”号除外）。“雷鸣”号、“无敌”号和“可怖”号在改装后也分别重新编入现役。“霹雳”号1993年完成改装，除了替换导弹系统外，还改进了反应堆堆芯，降低噪音、声纳和其他设备。

英国战略核潜艇

英国从1953年起开始研制建造核潜艇，在美国的帮助下，经过10年的努力，国内第一艘攻击型核潜艇“无畏”号服役。海军方面在总结“无畏”级的建造经验和参考第二代攻击核潜艇“勇士”级设计的基础上，研制出第一代弹道导弹核潜艇“决心”级，一共有4艘，分别为“声望”号、“决心”号、“反击”号、“复仇”号。1963年2月，英国政府表示打算订购4—5艘7000吨级的核动力潜艇，每艘装载16枚“北极星”导弹，并计划第一艘在1968年巡航。除了维克斯船厂建造两艘外，坎默·莱尔德船厂建造另外两艘。1967年6月，英国第一艘潜射弹道导弹核潜艇“决心”号出海巡航。“决心”级潜艇的艇体采用近似拉长的水滴型，便于水下航行。艇首水线以下设有6具鱼雷发射管，呈双排纵列布置。舰尾为“十”字型操纵面，水平、垂直翼的边缘都和艇中心线不垂直。

在俄罗斯一个靠近挪威的港口，一艘“台风”级核潜艇正在进行补给。每次执行出海任务前，潜艇上都要装上5吨面包、150千克巧克力、720瓶葡萄酒以及110千克鱼子酱。

1982—1988 年间的现代化改装中，“骑士”弹头替代了原来的“北极星”导弹装载弹头。所不同是装有一种突防装置，以克服反弹道导弹的防御。1969 年以来，“决心”级潜艇至少有一艘可随时发射洲际弹道导弹。据报道，该级艇第一艘在 1993 年退役，现在由“前卫”级代替。

“台风”级庞大的舷宽外艇壳内的压舱槽可在遭受鱼雷攻击时产生“安全气囊”般的效应，以提供潜艇外的保护，除非是一枚相当重的鱼雷，能够使其爆炸力量继续向前并损毁内艇壳，若是在一般的情况下，爆炸的威力多半被四周的水分解了。

“决心”级潜艇的电子设备也基本上采用英国产品，包括声纳、雷达、火控系统和电子战支援措施等。后来，随着“决心”级的老化，英国又在建造其第二代核动力弹道导弹潜艇，这充分显示出了英国独立发展海基战略核力量的决心。后来，英国研制出第二代弹道导弹核潜艇——“前卫”级，共建 4 艘，分别为“前卫”号、“胜利”号、“警戒”号、“报仇”号。而“前卫”号定于 1992 年末开始海上试航，1994 年 12 月首次进入战斗巡航。

“台风”级核潜艇

“台风”级战略核潜艇是前苏联最大的弹道导弹潜艇，也是目前为止世界上人类建造的最大的潜艇。它是在是冷战时期建造的，主要由红宝石设计局设计完成。与它的对手美国俄亥俄级核潜艇相比，体积差不多是俄亥俄级的两倍。“台风”级潜艇上装备的 20 个导弹发射管装载 SS-N-20 弹道导弹，其射程可达 8300 千米，可以打击到和它同处于一个半球的任何一个目标。该级战略核潜艇采用非典型的双壳体设计，导弹发射筒部分采用了单壳体，也就是将导弹发射筒夹在双壳耐压艇体之间，这样可以避免出现“龟背”(导弹发射筒高高隆起于甲板)在航行时产生较大的噪音和阻力。

“台风”级潜艇的体积庞大，可以为每个船员提供足够的休息空间。另外，该级潜艇还是少数在设计时就考虑到空调设备的前苏联潜艇，艇上还设有游泳池和健身房。除此之外，“台风”级潜艇还装备了潜射防空导弹，并可由鱼雷管发射。在遭到普通鱼雷攻击时，强硬的双壳体结构可以使大部分的鱼雷爆炸威力被双壳体的耐压舱和壳体外的水吸收，从而保护艇体。一般情况下，“台风”级潜艇足以对抗一般的攻击型潜艇和水面反潜舰只。

除此之外，“台风级”核潜艇上还安装了“鲍托尔-941”综合导航系统、“公共马车”型指挥系统、“闪电-MC”型通信系统、“暴风雪”型雷达系统和用于观察艇外状况的“MTK-110”型电视系统。

兵器简史

“北风之神”级战略核潜艇是“德尔塔”级核潜艇和“台风”级核潜艇的后继型，它也是由俄罗斯红宝石设计局设计的，属于俄罗斯第五代弹道导弹潜艇。该级潜艇于 1996 年开始研制，充分表现出了俄罗斯高超的潜艇技术水平，几乎超过了现役的所有潜艇。

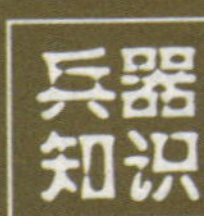

兵器知识

> “俄亥俄”级核潜艇能够左右战争胜负
> “俄亥俄”级核潜艇一般可运作15年

俄亥俄级核潜艇

“俄亥俄”级核潜艇是当代世界上威力最大的核潜艇，它是美国第四代弹道导弹核潜艇。由于艇上装备有“三叉戟”弹道导弹，故又称“三叉戟”导弹核潜艇。该级潜艇是美国海军所使用的一类核动力潜艇，专门为范围扩展后的战略核威慑巡逻而设计。目前，共有18艘俄亥俄级潜艇在美国海军中服役，在海上作战中占据着十分重要的位置。

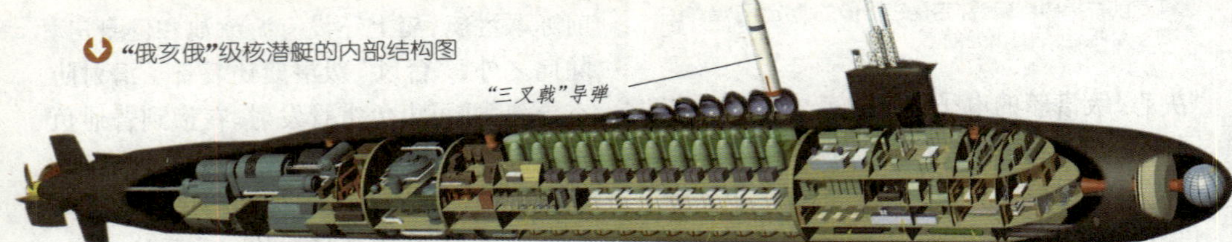

“俄亥俄”级核潜艇的内部结构图

研制背景

美国于20世纪60年代开始研制“俄亥俄”级核潜艇。由于前苏联海军的崛起，反潜兵力的增强，直接威胁到当时在役的“海神”导弹核潜艇的生存。另外，美国认为，这种威胁到80年代将会更加严重。这是因为“海神”导弹必须要到靠近欧亚大陆海域才能攻击前苏联，这当然不如在美国海域附近进行攻击安全，为此需要发展水下远程弹道导弹。1967年，美国海军成立了“海军战略进攻和防御系统办公室”，负责制定战略力量的发展与研究计划。该计划的目标是为“海神”导弹增加第三级火箭，射程增至8300—9300千米，形成水下远程导弹系统计划，并于1971年9月14日获得批准。1972年初，ULMS-I型导弹命名为“三叉戟”-I型导弹，ULMS计划随之又被称为“三叉戟”计划。

基本数据

第一艘“俄亥俄”号潜艇于1981年11月正式服役，到1997年9月，该级艇完成了全部18艘的建造计划。该级潜艇水下排水量1.875万吨，最大潜深300米，最大航速25

兵器简史

“俄亥俄”级核潜艇的主要使命是用“三叉戟”导弹袭击敌方的大城市、政治经济中心、兵力集结地、港口、飞机场、人口稠密区及大片国土等软目标；也可以袭击敌方的陆地导弹发射井等重要战略硬目标。

“俄亥俄”级弹道导弹核潜艇是美国“三位一体”战略核兵力的中坚力量。该级潜艇装载的导弹射程远，可在本国海域攻击世界上任何目标；战争初期，还可隐蔽在海洋深处，战争后期可以后发制人，进行第二次核打击或核报复攻击。

“俄亥俄”级核潜艇从水下发射“战斧”巡航导弹

节，它的艇体中部采用双层壳体，其余占全艇长60%的部分采用单壳体，装备了AN/BQQ5声呐等十余部水声、电子设备，能连续在水下航行几个月不用上浮。由于其性能先进，所携核弹威力惊人，所以世人称其为“当代潜艇之王”。

强大的攻击力和生命力

“俄亥俄”级弹道导弹核潜艇是当代弹道导弹核潜艇的典型代表，具有攻击力强的特点。该级艇装备24具导弹发射筒，数量最多。另外，每枚导弹携带的分弹头数量也最多，艇的总威力最大，会对许多人的生命安全构成严重威胁。该潜艇上装备的导弹射程最远，突防能力强，机动性好，命中精度高，威慑能力最强。除此之外，导弹的齐射能力也较强，可在10分钟内将全部导弹发射出去。

生命力强也是此级潜艇的一大特点。由于导弹射程远，艇的战斗巡逻海域辽阔广大，可以靠近本国海域活动，或在避开敌方反潜兵力的区域活动，因此十分安全。该级潜艇采用了最先进的隐身措施，并采取一系列措施降低噪声。装备了高性能的观通设备，使潜艇能在高噪声环境的海域活动，使敌方反潜探测复杂化，不易被敌人发现。

较好的作战性能

该级艇装备了先进的惯导系统和静电陀螺监控器，可以减少潜艇上浮次数，确保潜艇安全航行。惯导系统精度的提高，为“三叉戟”核潜艇准确发射导弹提供了保证。因为还装备了导航星全球定位系统接收机，可对惯导系统的位置和速度输出进行校正，保证艇有效地完成作战使命。由于装备了CCSMK2－3作战指挥系统和MK118鱼雷射击指控系统，可综合采集和处理各种传感器信息，进行战术态势评估与分析，指挥鱼雷有效攻击。“俄亥俄”级潜艇的各大系统和设备安全可靠性好，有效利用率高。

每一艘“俄亥俄”级潜艇都有蓝组和金组两组船员，他们轮流当值，当一组出海巡航时，另一组便在陆上享受假期并为下一次出海作准备。

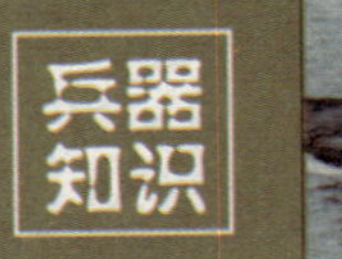

> 前苏联巡航导弹潜艇主要装备反舰导弹
> “M”级潜艇是潜得最深的核潜艇

巡航导弹潜艇

巡航导弹潜艇是一种以飞航导弹为主要攻击力量的攻击性潜艇。在冷战时期的东西方阵营中都有飞航导弹潜艇这种潜艇类型，但其作战任务是截然不同的。西方的飞航导弹潜艇主要装备巡航导弹，可以作为二次核打击力量或战术打击力量的一部分。然而，前苏联的导弹潜艇则装备着反舰导弹，以攻击航母战斗群等水面战舰为主。

发展较晚

西方国家一直仅仅发展两个潜艇类型——攻击潜艇和弹道导弹潜艇。虽然美国在20世纪50年代末建造了大比目鱼号，但服役没有几年就将其改装成了攻击型潜艇。美国巡航导弹潜艇也是在近几年才出现的。美国海军在近几年将数艘俄亥俄级核潜艇改装成巡航导弹潜艇。这些潜艇仍然用垂直发射系统作为巡航导弹的发射平台，并装备了22发“战斧”巡航导弹，其中两发装备核弹头。剩下的两个发射筒为特种部队装备特殊装备而用。这些发射筒也可以被用作无人飞行器或遥控潜水装置的发射或装载平台，为潜艇增加观导能力。如果这种俄亥俄级潜艇满载154发弹头的战斧巡航导弹，其火力将相当于一个巡航导弹驱逐舰战斗群或2艘导弹巡洋舰。2006年，“密歇根”号和“佛罗里达”号开始进场改装。而“佐治亚”号也在早些时候开始了改装。预计在2008年前，美国将拥有4艘以上的俄亥俄级巡航导弹潜艇。

“俄亥俄”级是世界上单艘装载弹道导弹数量最多的核潜艇。它可以携带24枚三叉戟Ⅰ型或三叉戟Ⅱ型导弹，射程达1.1万千米，其威力足以摧毁一座大城市。

高昂的费用

前苏联早在上世纪50年代就开始了巡航导弹的研究，并取得了重大成果。当时前苏联的经济无法支撑像美国一样建造大量航舰战斗群。以“尼米兹”级及其战斗群为例，航母要50亿美元，各种护航舰艇的建造费用总和也高达50亿，外加舰载机、潜艇等费用相当高。当时，前苏联并没有经济实力建造同等的航母舰队但却要抗衡美国的航母优势，于是发明了巡航导弹潜艇这一类型，目的是用几艘核潜艇就能足以平衡掉美国1个航母编队。其中，J级潜艇是世界上第一级列装部队的巡航导弹潜艇。而现在最著名的巡航导弹潜艇则是俄罗斯海军的“奥斯卡”级。它装备SS-N-19型潜射反舰导弹，并且反潜和隐身能力也较其前辈提高不少。《简氏战舰年鉴》曾评价奥斯卡级：“它不仅能够消灭掉一个航母战斗群，还能顺手把水下的潜艇也消灭掉。”

第一代

1953年，美国建成了第一艘巡航导弹潜艇，至今，已经发展了四代。在二战结束后到20世纪50年代末，第一代巡航导弹潜艇发展起来。这代潜艇的主要特点是美国和前苏联竞相发展，因为导弹技术才刚起步，常规潜艇虽然拥有了远程攻击的能力，但仍然还存在很多不足之处，所以这时的导弹只能在水面上发射而已。又因为导弹太大，一般的潜艇根本装不下，所以只能把导弹放到发射筒里，然后固定在潜艇的甲板上。其实，在第二次世界大战时期，德国就在潜艇上装了6个发射架，试验第一代巡航导弹潜艇。后来，美国得到了一枚导弹，改装了一艘可以装备这种导弹的“淡水鳕”号潜艇，于1947年2月12日发射了一枚导弹。三年后，在“天狮星”Ⅰ型巡航导弹试飞成功后，美国海军也开始考虑研制第一代导弹潜艇。经过努力，终于在1957年建成了“黑鲈”号和“灰背鲸”号导弹潜艇。“灰背鲸”号的全长约为97米，水上排水量2670吨，水下排水量3650吨，4枚导弹分别放在两个发射筒中，并且安放在指挥台围壳前的甲板上。同时，前苏联也在20

兵器简史

第四代巡航导弹潜艇是在20世纪80年代之后发展起来的，其主要特点是在核动力攻击型潜艇上普遍装备“鱼叉”反舰导弹和“战斧”巡航导弹，每艘装12—15枚，并且采用水下垂直发射。这时，法国也开始装备“飞鱼”SM-39潜射战术反舰导弹。

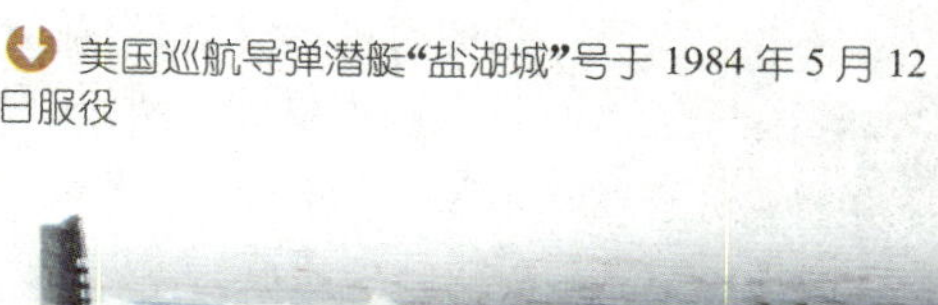

美国巡航导弹潜艇“盐湖城”号于1984年5月12日服役

世纪50年代初期开始研制巡航导弹潜艇，1956年在W级潜艇后甲板上安装了一个双筒式巡航导弹发射筒，不久后又开发了“W—长筒”型配置，诞生了前苏联第一代巡航导弹潜艇，取得了喜人成就。

第二代

20世纪60年代，第二代巡航导弹潜艇逐渐发展起来。该潜艇的特点是采用了新的推进装置——核动力装置，导弹放在了甲板下面，全部装到了潜艇舱内，导弹发射仍然采用水面状态的“热”发射。这时的导弹承载量也增加到了6至8枚。1960年，美国建成了第一艘核动力巡航导弹潜艇“大比目鱼”号。这艘潜艇长106米，水上排水量3850吨，水下排水量5000吨，艇员120人，耐压艇体内部舱室分为7个，主要的攻击武器就是3枚“天狮星”II巡航导弹。因为1959年第一艘弹道导弹核潜艇“乔治·华盛顿”号建成并且服役，所以美国巡航导弹的发展就此中止了。但是，前苏联第二代巡航导弹潜艇的发展速度比较快，先后

艇内的健身房

建造了J级和E级潜艇。1962年，J级常规潜艇建成，装备有4枚导弹，水下排水量4300吨，一共有16艘。随后，水下排水量为5000吨的E级潜艇也建成了，该潜艇装有6枚导弹，但数量不多。

第三代

第三代巡航导弹潜艇是在20世纪60年代末至80年代初发展起来的。这一时期，美国基本上中止了巡航导弹潜艇的发展，但从70年代开始在潜艇上装备战术反舰导弹。与此同时，前苏联仍然坚持自己的发展方向，继续发展巡航导弹潜艇，并且还在技术上实现了五大突破，分别是巡航导弹潜艇实现核动力化，潜艇水下排水量达到8000吨，水下航速由原来20节增加到37节，可装备10枚导弹，并且能在水下发射。总的来说，第三级巡航导弹潜艇主要分为两级，一个是C级，一个是P级。C级计划建造17艘左右，而P级只建造一艘。第四代巡航导弹潜艇主要是在20世纪80年代以后发展起来的。这时的潜

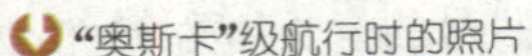

“奥斯卡”级航行时的照片

世界第一代巡航导弹潜艇的最大排水量是3650吨，装备有4枚导弹；第二代巡航导弹潜艇装有8枚导弹，最大排水量为6200吨；第三代巡航导弹潜艇的最大排水量为8000吨，装有10枚导弹；当发展到第四代时，最大排水量达到了1.6万吨。

兵器解密

艇普遍安装上了反舰导弹，英国、日本等国也开始改装反舰导弹。

“奥斯卡”级潜艇

20世纪60年代，前苏联针对美国迅速发展的航母战斗群，提出了改进研制高性能巡航导弹核潜艇，“奥斯卡”级核潜艇就是为了满足这一需要而推出的前苏联第四代巡航导弹核潜艇。“奥斯卡”级核动力巡航导弹潜艇是以巡航导弹为主要武器的核潜艇，是前苏联海军装备的最先进的巡航导弹潜艇。该级别于1969年开始设计，第一艘潜艇于1978年开工，1980年下水，同年服役。而其改进型——“奥斯卡”II型首艇则在1985年下水。949级一共建造了2艘，现已经全部退役。949A级一共建造了12艘，其中最著名的“库尔斯克”号，于2000年8月12日沉没。“奥斯卡”级潜艇的主要任务是在靠近俄罗斯的海域，攻击敌方航母作战编队，可用多枚导弹同时对目标发动攻击，也可与远程海上轰炸机和水面舰艇协同作战，对航母作战编队实施饱和攻击。另外，它还可以利用远程巡航导弹攻击敌方国土，并承担巡逻、侦察、搜集情报、布雷等多种作战任务。目前，该级潜艇已建造了14艘，其中4艘服役于太平洋舰队，其他均在北方舰队服役。“奥斯卡”I型艇已提前退役，而“奥斯卡”II潜艇是俄罗斯反航空母舰的核心力量，也是当前世界上吨位最大、威力最强的巡航导弹核潜艇。该级潜艇属于大型核潜艇，艇内空间大，可以布置多种设备，例如健身房、游泳池、日光浴室、桑拿浴室和娱乐区等，改善了艇员的工作和生活条件，使该艇的自持力可以达到120天，从而提高了潜艇的战斗力。

理发师为海军人员理发

艇内厨师在为海军官兵准备丰盛的午餐

日本的“亲潮”级潜艇于1998年开始建造法国的“女神”级潜艇是一级反潜潜艇

常规潜艇

除了核潜艇之外，还有一种比较重要的潜艇——常规动力潜艇。它是一种采用柴油机—蓄电池动力、能在水下隐蔽活动和战斗的潜艇。主要特点是隐蔽性好、机动性强、突击威力大。在两次世界大战后，各国均把发展潜艇放在了重要的地位。因为这种潜艇具有噪音小、价格低、建造周期短等特点，所以受到中小国家的欢迎。

装备上的变化

自1620年—1624年出现了世界上第一艘潜艇后，到20世纪90年代初，常规潜艇的动力装置经过了几次比较大的变化，从人力摇桨驱动发展到采用蒸汽机、电动机、柴油机、空气压缩机、过氧化氢汽轮机等多种类型。常规动力潜艇就是采用非核动力推进的一种潜艇，其主要任务是攻击水面舰船和潜艇，也可实施水下布雷、侦察等任务。除了动力装置外，常规动力潜艇的武器装备也曾发生过几次大的变化，早期的潜艇采用的作战方法是利用人力运送炸药包或拖曳鱼雷实施对敌方的攻击。在第一次世界大战期间，人们开始在潜艇上装备甲板炮，这样的装备和水面舰艇没有什么大的差别，只是能够下潜罢了。直到后来，常规潜艇的吨位不断增大，武器携载量也逐渐增多，这时的潜艇上装备了鱼雷、水雷、火炮和轻武器等，变成了一种攻击力比较强的水下战舰。尤其是在二次大战期间，常规潜艇上开始装备雷达、声纳和通气管等装置，水下侦察探测距离增大，使用的主要武器也变成了鱼雷和水雷，而原来在反舰和防空用的甲板炮已不再占有主要地位，甚至被淘汰了。在这段时间里，潜艇已经逐渐开始朝着潜水航母的

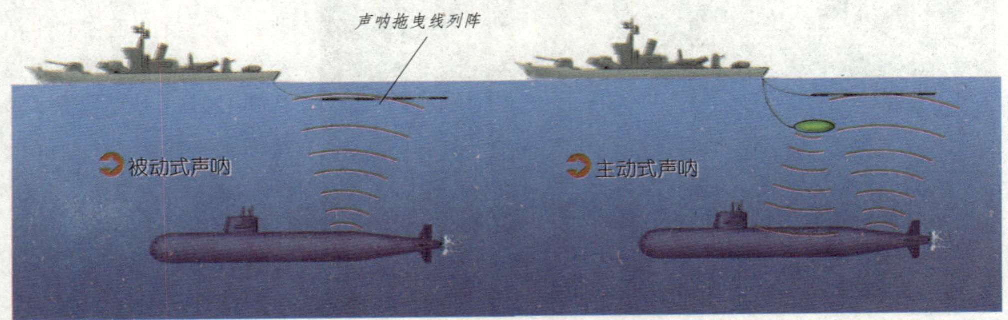

停泊在圣彼得堡的除役后的“613”型潜艇

方向发展，并且研制作战半径大、机动性能好、飞行速度快，能在水上弹射起飞、水面降落的水上飞机为主要攻击武器。在二战后，鱼雷、导弹已成为潜艇主要的反舰、反潜武器。但潜水航母并没有取得重大进展。

战争中的发展

经过早期的探索后，在两次世界大战期间，常规潜艇得到了迅速的发展，尤其是在二战爆发之前，建造常规潜艇的各项技术已日趋成熟了，并且建造了一批性能良好的潜艇。但是，在战后的几十年来，常规潜艇并没有取得重大的突破和成就。在第一次世界大战后，德国就建造了 23 个批次的 1000 多艘潜艇，包括了当时比较先进的 3 种类型。其中，XXⅠ型潜艇长 76.20 米，排水量 1600 吨，在水下的航行速度为 17.5 节，而且可以以 6 节的速度航行 2 天，或以更慢的经济航速航行 4 天。这艘潜艇的水下工作深度为 256 米，艇上装有 6 个鱼雷发射管，能携带 23 枚鱼雷。当时，德国人还发明了一种能在水下驱动潜艇的过氧化氢汽轮机，水下短时航速可达 25 节。在太平洋战争时期，美国建造的常规潜艇全长约 95 米，水上排水量达到了 1570 吨，水下排水量为 2415 吨，水面航速 20 节，水下航速 10—11 节，通常可装 6 个鱼雷发射管，携带 24 枚鱼雷，能容下 80 名艇员。在“二战”后初期，前苏联利用德国 XXⅠ型潜艇的先进设计，最终在 1950 年—1958 年间建造了 235 艘“W”级潜艇，比 1945 年—1970 年间世界其他国家海军建造潜艇的总数还多。前苏联坚持自己的潜艇发展方针，以核潜艇为主，同时辅以常规潜艇，而他们建造的常规潜艇多用于出口。另外，前苏联在潜艇的技术上也取得了新的进展，不仅可以利用潜艇发射巡航导弹，还可以利用其来发射巡航导弹，其中 J 级潜艇和 G 级潜艇就是最好的例子。

美国常规潜艇的发展

战后，美国潜艇的发展主要以核潜艇为

兵器简史

在冷战时期，为了和前苏联的核潜艇进行对抗，日本尽其所能地不断提高潜艇性能，其装备的常规潜艇也在排水量、续航能力、下潜深度等方面具有一定优势。例如，自 20 世纪 90 年代初着手建造的“春潮”级潜艇，潜航深度约为 350 米。

在海上游弋中的"J"级"K-77"号潜艇

主,到了20世纪80年代已经基本上实现了核动力化。而这时,常规潜艇的发展则主要以改装为主,在适当的时候会建造几艘新艇。常规潜艇在改装上有三个重点。一是对战时建造的52艘潜艇,通过改装其动力装置、改进艇体线型、拆除甲板炮等,使水下航速达16节以上;二是全部加装通气管;三是改装雷达哨艇、反潜潜艇、运输潜艇、布雷潜艇和训练潜艇等。从战后至20世纪50年代末,美国新建的常规潜艇只有21艘,到了20世纪60年代以后甚至不再建造这种潜艇了。这些新艇的全长大约为107米,水上排水量最大为2030吨,水下排水量最大为2637吨,水面航速最大25节,水下最大33节,一般装有6个鱼雷发射管,最多可以承载95人。除了美国、前苏联之外,世界上具有自行研制、建造常规潜艇能力的国家主要有:瑞典、德国、日本、意大利等国。

战后初期的常规潜艇

在二战结束后,现代常规潜艇的发展经历了三个阶段。战争结束至20世纪50年代末期为第一阶段,这时,常规潜艇以吸收德国潜艇的设计思想,重建现代常规潜艇舰队为主要特点和方针。战争后期,德国建造的XXⅠ级潜艇武器装备强,潜艇的外形好,潜深大,航速快,并且采用了通气管装置,加装了电子侦察仪器,可以称得上是一级性能较好的常规潜艇。在此期间,虽然苏、美、英等国也都分别建造了一些潜艇,但成就并不大,除了美国的"大青花鱼"号实现了水下最高航速33节之外,其余的战术技术性能并未取得重大突破。到了第二阶段,也就是20世纪50年代末至60年代后期,这时,常规潜艇的主要特点就是装备了巡航导弹和弹道导弹,改进了电子设备和动力装置,但是在主要的战术技术性能方面仍然没有重大的突破性进展。

未来的发展

20世纪60年代末以后是常规潜艇发展的第三阶段。这一阶段的时间比较长,其发展的主要特点就是采用了高强度的钢来提高壳体的耐压性能,这样可以使潜深达到300米。另外,在潜艇上装备战术反舰导弹和近程潜空导弹,提高远程反舰攻击能力和

深潜器是一种能在深海进行水下作业的潜水设备，一般分为军用和民用两大类，具有军民通用的性质，通常不携带武器，潜水深度为2000—3000米，有时甚至达1.1万米。它们可以进行海洋调查，辅助进行深海石油资源的勘探和开发，执行军事侦察业务等。

兵器解密

自主式无人潜艇工作示意图

点防空能力。除此之外，还装备了新型的动力装置，提高水下续航能力。目前，世界上已有45个国家拥有常规潜艇，总数为440多艘。虽然，在这段时间常规潜艇仍然处于一种大发展的好势头，但其主要战术技术性能还是没有很大的提高，潜艇长度一般在50—100米之间，宽为6—9米，排水量1000—2000吨，只有少数在2000吨以上；水下的最大航速一般为16—20节，有时会达20—25节；潜深为100—200米，水下动力源主要用的还是1890年开始使用的铅酸电池。在技术突飞猛进的当今世界，面对核潜艇的挑战，常规潜艇的发展虽然曾经受到了冷落，但因为它具有操纵简单、水下噪音小和适于在沿海地区作战等优点，目前仍然受到了广大第三世界的国家青睐。除此之外，它还可以不依赖其他兵种的支援，长期在海上活动并且进行独立作战，具有很大的威慑性。但常规潜艇也存在航速低、通气管航行状态充电时易暴露自己和自卫能力差等缺点。随着新能源、新动力和新技术的不断发展和应用，常规潜艇在现代战争中也可以发挥重要作用。

一次“协同性演习”中，海豹突击队通过潜艇把特种兵运送至敌军后方。

辅助舰艇

执行辅助战斗任务的是辅助战斗舰艇。该类舰艇主要用于海上战斗保障、技术保障和后勤保障等。具体来说，辅助舰艇主要担负海上补给、运输、修理、救生、医疗、侦察、调查、测量、工程和试验等保障勤务。

兵器知识

电子侦察船须与多种侦察手段结合
“滨海”级电子侦察船排水量为5000吨

电子侦察船

电子侦察船是用于电子技术侦察的海军勤务舰船。装备有各种频段的无线电接收机、雷达接收机、终端解调和记录设备、信号分析仪器等，有的还装备有电子干扰设备。能接收并记录无线电通信、雷达和武器控制系统等电子设备所发射的电磁波信号，查明这些电子设备的技术参数和战术性能，获取对方的无线电通信和雷达配系等军事情报。

基本特点

电子侦察船的满载排水量一般在500吨以上，个别大型也可以达到4000吨左右，其航速为20节以下。有较大的自持力和续航力，有较好的稳定性和适航性，能较长时间在海洋上对舰船、飞机和港岸目标实施侦察活动。

电子侦察船装备有各种频段的无线电侦察接收机，雷达侦察接收机、侧向仪、终端解调机记录设备、信号分析仪器及多种接收天线。有的还装有侦察声纳、光学侦察器材、水文测量仪器和电子干扰设备。

需要隐蔽

由于电子侦察船的侦察活动受海洋水文气象条件影响较大，而且还有船上侦察人员及设备有限、技术条件差等因素的影响，导致电子侦察船的自卫能力比较弱。再加上这种船又多单独活动，极易引起被侦察对象的注意，尤其在战时，更容易遭到来自海上和空中的一系列袭击。针对此特点，有的电子侦察船重要部位和设备装有自毁装置。甚至为了更好地隐蔽企图，早期的电子侦察船在执行任务时，多伪装成拖网渔船、海洋调查船、科学考察船或商船等。比如，前苏联海军就曾经将多艘拖网渔船改装成电子侦察船，然后派往各大洋进行侦察活动，而美国海军的电子侦察船则多由旧船改装而成。直到“二战”后，才专门设计建造电子侦察船。20世纪60年代，美国和前苏联两

伪装成海洋调查船的电子侦察船

前苏联的第一代侦察船的吨位不大，满载排水量在450—950吨之间。其电子设备除"顿河"导航雷达外，还装有"高杯""套环"等侦察雷达及监视器，多用于搜集或监听无线电信号，这些侦察船除了用于侦察之外，还兼有执行海洋调查或海道测量的任务。

兵器解密

美国的电子侦察船正在搜索情报

国拥有电子侦察船已经接近100艘。

主要任务

电子侦察船所执行的任务比较庞杂，具体说来，主要包括以下几个方面的内容：1.接收并记录对方无线电通信、雷达和武器控制系统等电子设备所发射的电磁波信号，查明这些电子设备的技术参数和战术性能，为研制电子技术侦察和电子对抗设备提供依据；2.查明对方无线电台、雷达站和声纳站的位置和配系，并判明其指挥关系；3.侦听无线电话，侦收无线电报，并破译密码，以获取军事情报；4.监视、跟踪海上舰艇编队活动，通过观察、照相、录像等手段，获取海上、空中、岸上实像情报等。

大国电子侦察船

前·苏联海军最初开展海上电子侦察活动是在1950年代后期，第一代侦察船有"第聂伯河"级、"海洋"级、"伦特拉级"等，其船体设计以拖网渔船为基础。1968—1970年，前苏联建成的"滨海"级电子侦察船是世界上最大的电子侦察船，满载排水量5000吨，航速12节，续航力1万海里。装有多种电子侦察设备，可收集目前世界上使用的全频段电磁波，并能加以分析。

美国电子侦察船"鲍迪奇"号打着"远洋勘测船"的名义，在世界各地的海域进行侦查活动。这艘侦察船装备有多波段大视角精确海洋声纳，具体任务包括海上导航、海图绘制、短距离导航援助、卫星导航、雷达导航等38项工作。

兵器简史

1968年1月30日，美国的一艘间谍船"普韦布洛"号在朝鲜东部元山附近海面从事间谍活动时，被朝鲜人民军海军俘获。由于俘获前遭到美方的顽抗，朝鲜海军舰艇予以还击，一共打死打伤美军数名，生俘82人。这艘被俘获多年的侦察船依然停靠在朝鲜的港湾处，而一名曾经参与抓捕间谍船的退役士兵担任了该船的讲解员。

> 同盟国被潜艇击沉了大量的运输舰船
> 1963年，美国建造了第一艘载驳船

运输舰船

运输舰船主要指向陆上基地或岛屿运送人员、武器装备和军用物资的勤务舰船。装备有防御武器，或备有安装这种武器的基座和部位。运输舰船的种类繁多，用途广泛，一般可以分为人员运输、液货运输、干货运输舰船和驳船等。民用运输舰船是海军舰船的重要后备力量，一旦需要，经过相应的改装即可用于军事运输或作为其他军用舰船。

战争年代的命运

在第二次世界大战中，同盟国各国被击沉的运输舰船共5150艘，总吨位2160万吨，其中被潜艇击沉的2828艘，而由各种事故沉没的船只有1326艘，共计损失运输船只6478艘(2400万吨)。

德、意、日三国被击沉的运输船共3865艘，总吨位约1200万吨。日本受损失最大，被击沉2143艘(780万吨)，另外由于各种事故沉没116艘(30万吨)。德国及其盟国在巴伦支海、波罗的海和黑海被前苏联海军击沉的运输船只为791艘(183万吨)，其中被飞机击沉的船只为371艘(80万吨)，被潜艇击沉的为157艘(46万吨)，被水面舰艇击沉的为24艘(4.5万吨)，被水雷炸沉的为110艘(25万吨)，被海岸炮击沉的为14艘，由于其他原因沉没的为115艘(25万吨)。

人员运输船

人员运输船，以运送人员和武器装备为主，同时运输部分军用物资；上层建筑高大而伸长，高层甲板两舷配有多艘救生艇(筏)。

运输船军队一般都会获得来自空中和海上的火力支援

载驳船分为门式起重机式、升降式和浮船坞式。门式起重机式在两舷侧铺设门机轨道，用门机在船尾装卸驳船；升降式在船尾设有升降平台装卸驳船，并备有输送车送驳船就位；浮坞式装卸驳船时，母船先下沉一定深度，打开船首或船尾的门，使驳船浮进浮出。

兵器简史

柴油机船问世后，发展很快，逐渐取代了蒸汽机船。第二次世界大战结束后，工业化国家经济的迅速恢复和发展，国际贸易的空前兴旺，中东等地石油的大量开发，促使运输船舶迅速发展。1982 年同 1948 年相比，船舶艘数增长了 1.6 倍，总吨位增长了 4.3 倍。

液、干货运输船

液货运输船，用于运送散装燃料油、机油或淡水；干舷低，机舱和大部分上层建筑设在后部，上甲板纵中部装有连通各液货舱的管系和阀门，首部至上层建筑之间有高架步桥连接；通常设有海上纵向补给装置，可在航行中向其他舰艇补给油料或淡水。

干货运输船是用于运送包装成件的军用物资的货船，这种船一般设有较多的起吊设备和索具。

驳船

驳船主要是指本身无自航能力，需拖船或顶推船拖带的货船。驳船的特点是设备简单、吃水浅、载货量大。其作用是将小批量几十吨的货物，从内河码头驳运到深水港，再安排上干线船、货柜轮船等远洋船。这种船一般为非机动船，与拖船或顶推船组成驳船船队，可航行于狭窄水道和浅水航道，并可根据货物运输要求而随时编组，适合内河各港口之间的货物运输。少数增设了推进装置的驳船称为机动驳船，机动驳船具有一定的自航能力。

驳船主要有客驳和货驳。客驳专运旅客，设有生活设施，一般用于小河客运。货驳用于载运货物，一般不设起重设备，靠码头上的装卸机械装卸货物。

驳船队分拖驳船队和顶推船队两种。拖驳船队由拖船和普通驳船组成，主要用于货物运输，也用于小河上旅客运输。在海上一般是一艘拖船拖带 1—3 艘驳船，在内河可拖带 10 艘以上。顶推船队由推船和驳船组成，用于运输货物。

民用运输舰船

民用运输船舶是军事运输舰船的重要后备力量，其类型较多，有散装干货船、集装箱船、载驳船、滚装船、渡船等。

路易斯安那州的密西西比河上的一艘驳船

兵器知识

> 大型工程船排水量为1—2万吨
> 工程船的主甲板上设有多台移船绞车

工程船

工程船是用于近岸海区及江河湖泊水域工程施工的海军勤务舰船。它们不同于运输船舶，属于一种水上水下工程作业的船舶。根据《财政部税务总局关于港作船、工程船的解释》第二条规定，工程船是指装有特种机械，在港区内或航道上从事修筑码头，疏通航道等工程所使用的专用船舶。

功能和设施

工程船主要包括用于筑港的起重船、打桩船、管柱施工船、水下基础整平船、多用途作业平台、钻探船、爆破钻孔船、混凝土搅拌船、潜水工作艇、抛石驳和抛沙驳等。

施工机械有起重机、打桩机、钻机、抓斗和链斗挖泥机、铲石机、泥浆泵、耙吸泥管和整平机等。机舱设有为施工机械提供动力的柴油机、发电机和液压泵站等。

控制操纵室内设有监视仪器、仪表，有的还装有自动操作系统。工程船的主要作业内容是：修建军港、助航设施、补给设施、水下试验场和水下工事，疏浚港池、航道和锚地，设置或排除水中障碍物。

起重船

起重船主要用于水上起重、吊装作业、一般为非自航，也有自航的。作业频繁的起重船通常为自航式，其起重机可旋转，当吊重特大件时，可用两个起重船合并作业，组成双重起重系统。

起重船一般分成两大类，一类是起重臂能够360度回转的，另一类是吊臂固定在船上的一个方向，整个船靠拖轮拖带转向，或是靠船向各个方向抛锚，通过牵拉不同方向的锚链，而实施重物回转的。比起后者来说，前者的结构和机械构造非常复杂，而且起重能力也比较小。

起重船

1957年，前苏联制造出了第一艘核动力破冰船——“列宁”号。“列宁”号的动力心脏是热核反应堆，高压蒸汽推动汽轮机，带动螺旋桨推动航船。如果核动力破冰船带上10千克铀，就相当于带上2.5万吨标准煤，可以在远离港口的冰封海域里常年作业。

加拿大破冰船。破冰船的长宽比例同一般海船大不一样，纵向短，横向宽，这样可以劈开较宽的航道。

破冰船

破冰船是用于破碎水面冰层，开辟航道，保障舰船进出冰封港口、锚地，或引导舰船在冰区航行的勤务船。

1864年，俄国人将一艘小轮船“派洛特”号改装成世界第一艘破冰船，为在冰冻期保持通航。1899年，由英国为俄国建造的“叶尔马克”号破冰船，则是第一艘在北极航行的破冰船。到1912年，中国也首次建造了“通凌”号破冰船和“开凌”号破冰船，排水量均为410吨，功率为688马力。1957年，前苏联建造的“列宁”号破冰船，是世界上第一艘核动力破冰船。随着南北极考察事业的发展，现代破冰船已成为极地考察的重要装备，除用于破冰外，还兼负运输和海洋考察等任务。

破冰船一般常用两种破冰方法，当冰层不超过1.5米厚时，多采用“连续式”破冰法。主要靠螺旋桨的力量和船头把冰层劈开撞碎，每小时能在冰海航行9.2千米。如果冰层较厚，则采用“冲撞式”破冰法。冲撞破冰船船头部位吃水浅，会轻而易举地冲到冰面上去，船体就会把下面厚厚的冰层压为碎块。然后破冰船倒退一段距离，再开足马力冲上前面的冰层，把船下的冰层压碎。如此反复，就开出了新的航道。

挖泥船

挖泥船是借机械或流体动力的挖泥设备，挖取、提升和输送水下地表层的泥土、沙、石块和珊瑚礁等沉积物的船。挖泥船的主要任务是负责清挖水道与河川淤泥，以便其他船舶顺利通过。挖泥船分为耙吸式挖泥船、链斗式挖泥船、绞吸式挖泥船、绞吸式挖泥船和抓斗式挖泥船等种类。

兵器简史

美国阿冯达尔船厂位于密西西比河河口的新奥尔良市，是目前美国最大、最成功的几家船厂之一。该厂建于1938年，当时只是一所驳船修理厂，1942年开始造船。但是真正开始承接建造万吨轮的任务，还是从1958年开始的。20世纪60年代中后期，该船厂一共承担了27艘护卫舰和20艘载驳货船的任务。

> "供应"级补给船配置有电子探测设备
> 航行补给船是进行海上补给的勤务舰船

后勤供应船

补给舰主要用于向航母战斗编队、舰船供应正常执勤所需的燃油、航空燃油、弹药、食品、备件等补给品，是专门用来在战斗中帮助队友的船舰，使舰队能够长时间远离基地坚持在海上活动，随时执行指定任务。其特殊设计允许它装设战舰级的远端维修系统，并且减少所有辅助维修系统的能量需求，因此被广泛地使用。

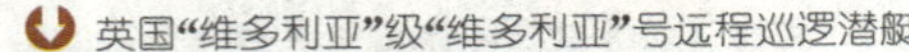
英国"维多利亚"级"维多利亚"号远程巡逻潜艇

美军的补给舰

美国海军一般会给每个航母战斗编队配一艘综合补给船，自20世纪60年代研制成多种物品航行补给船"萨克拉门托"号以来，一共建造了两级综合补给船，即"萨克拉门托"级和"威奇塔"级。

"萨克拉门托"级补给船是把一艘油船、一艘军火船和一艘军需船的使命全部集中到一艘船上，美军自称其为"高速战斗支援舰"。它作为世界首级综合补给船，上层建筑分设在船前、后两部分，驾驶室、军官住舱、医院设在前部上层建筑内，士兵住舱、火控室、机库等设在后部上层建筑内。前、后上层建筑之间是补给作业区，艉部有直升机平台。船上可以携带3架UH-46"海上骑士"直升机，通常配备2架UH-46E"海上骑士"直升机用于垂直补给。按35年服役期计算，该级潜艇在1999年—2005年已经先后退役。为了加强舰队的航行补给能力，美军从20世纪80年代开始研制新一级的综合补给船。

"萨克拉门托"级补给船

"萨克拉门托"级综合补给船又称快速战斗支援舰，是当今世界上最大的综合补给船。该级补给船长约241.7米，宽约32.6米，吃水12米，其主要任务是伴随航空母舰特

“海上骑士”直升机是美国海军陆战队最主要的战斗攻击直升机之一，于20世纪60年代开始服役。这种直升机的外形和公共汽车有些相似，为双螺旋桨。海军陆战队主要用它把部队从舰上运到岸上，或者把装备运到舰上执行搜索和救援任务。

兵器解密

混编队航行，直接为编队舰艇补给燃油、弹药、军需品。船上能携载17.7万桶燃油、500吨干货、250吨冷冻货物和大量的弹药，可以同时向航空母舰传送船用油和航空用油。

“供应”号补给船

为了加强舰队航行的补给能力，美国于20世纪80年代初开始研制一级新型的综合补给船。这是美国海军自1976年完成“威奇塔”级最后一艘船“罗诺基”号以来，首次建造综合补给船。1981年开始可行性研究，1983年开始设计，最终于1987年1月定购第一艘“供应”号补给船，并于1994年2月开始服役。后来，第二艘和第三艘船也分别于1990年和1991年开始建造。“供应”号补给船一共建造了4艘，都是由国家钢铁和造船公司建造的。

英国23型“公爵”级导弹护卫舰

兵器简史

在中途岛战役前，美军用简单密码发送了一条欺骗性电报，提到中途岛缺乏淡水，需要淡水补给。几天后，美国的侦察机发现日本海军舰队中多了一条运输淡水的供应舰，于是得知日军的进攻目标就是中途岛，一艘供应舰就暴露了日军的进攻计划。

“维多利亚”级补给船

英国海军也在90年代初服役了2艘“维多利亚堡”级舰队补给船，它是英国海军发展的第一级综合补给船。该级补给船的主要任务是执行海上燃料、油料、弹药、零部件、食品、淡水等的补给任务，同时船上还有为护卫舰上直升机提供维修保养的设施。

“维多利亚堡”级补给船长203米，宽30.4米，吃水9.8米，满载排水量为32300吨，航速为20节；动力装置为2台柴油机。该级船上还装有4座两用海上补给门架，可同时进行干、液货补给。船上还有可停放直升机的机库和直升机的起降平台。

英国的海上补给船一般不单独组成保障编队，而是编入作战舰艇编队实行伴随保障。“维多利亚堡”级的伴随对象是英国海军最新型的“公爵”级23型护卫舰编队，因此船上几乎没有武器装备，只有4座30毫米炮和电子战诱饵发射装置等，其安全主要依赖“公爵”。

兵器知识

> 医院船上大部分都是电磁设备
> ”不列颠尼克“号于1916年11月21日沉没

医院船 >>>

大型医院船已成为现代海军的重要标志之一。目前，世界上共有美国、英国、加拿大、日本、中国等少数国家拥有具有远海医疗救护能力的医院船，这些医院船均由民船改装而成。船上除一般航行设备外，还设置有如同一般医院所需的全套医疗设施，因此而称其为“海上医院”“生命之舟”。

医院船的作用

医院船是一种具有在海上收容、医疗和运送伤员能力的军辅船。在战时，医院船可以为作战部队伤病员提供海上早期治疗和部分专科治疗，或为舰队提供医疗后勤支持。

平时，医院船可以施展软实力，到周边国家提供医疗外交的服务，尤其是在大型灾难发生时，它还可以实施人道主义救援。如美国医院船的使命是在战时为作战部队提供机动后勤保障，特别是为两栖打击群、快速反应部队和海外作战部队提供应急医疗支持。在“9 · 11”恐怖袭击、东南亚海啸等事件发生后，美国“仁慈”号医院船都曾先后赶往出事地点，参加救援工作。

按照1949年《改善海上武装部队伤者、病者及遇船难者境遇之日内瓦公约》规定，医院船壳体的水线以上涂白色，两舷和甲板应标有红十字（或红新月）图案，悬挂本国国旗和红地白十字旗，在任何情况下不受攻击。另外，根据相关国际法规定，医院船神圣不可侵犯，并且有义务救助交战双方的伤员，交战各方均不得对其实施攻击或俘获，而应随时予以尊重和保护。

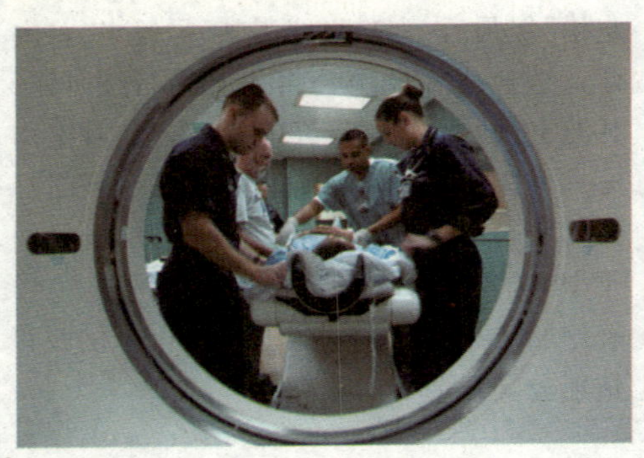

现代医院船都设有先进的医疗设备。在船的中部一般设手术室、X光室、检验室和绷带交换室等。

美国的医院船

为了提高远洋救护能力，1983年，美国海军相继购置了“价值”号、“玫瑰红”号油轮，并于1984年和1985年将两艘超级油轮改装为医院船，命名为“仁慈”号和“舒适”号。而“仁慈”号医院船是美国用一艘油轮改装而成的。

“仁慈”号长272.6米，宽32.2米，满载

医院船的医疗设备要经得起海上环境的考验。从物理上讲，海上的环境有摇摆、震动、电磁辐射、潮湿等；从化学来讲，海上有盐分，容易腐蚀。因此，要采取一些特殊措施，比如为了抗摇摆，船上所有的设施都是固定，哪怕是一个小推车。

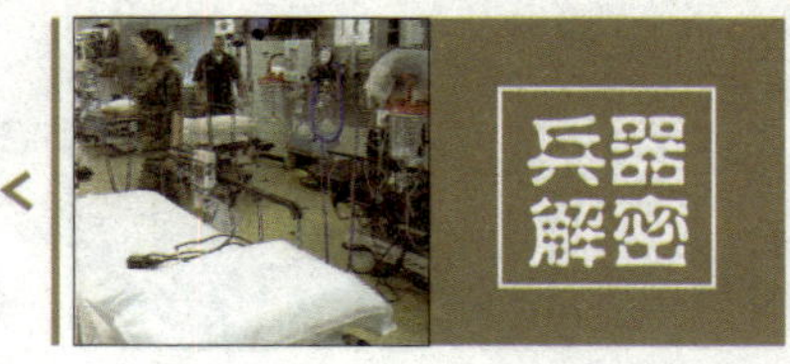

兵器简史

英国有一艘私人医院船“非洲爱心号”，主要为世界上欠发达地区或战乱地区提供慈善医疗活动。这艘船造价6000万美元装配有200万美元的医疗仪器，船上有包括医生、教师和工程师在内的约400名人员。目前由国际慈善组织“爱心船队”使用。

排水量6.936万吨，船上搭载了12艘救生艇。该医院船共有8层甲板，上层建筑位于船艏和船艉。最上层为直升机甲板，空运来的病人通过甲板前端的电梯下送到主甲板上的伤员收容室，从海上运来的病人则从主甲板下的第一平台甲板由电梯送至主甲板。医院船上的医疗设施完善，设有伤员接收分类区、复苏室、手术室、病房、化验室、放射科和药房等7个主要区域或部门。另外，舰上总共有病床1000张，配备医务人员1207名，其中高级医官9名，船上还有68名船务人员。平时，船上只留少数人员值勤，一旦接到命令，5天内就可完成医疗设备的配置和检修，并装载所需物资和15天的给养，同时配齐各级医护人员。

英国的战时医院船

一战期间，英国的各大船厂纷纷堆满了海军的订单，军舰的建造和修理享有最高的优先权。此外，航运公司的邮船也纷纷被征用，改装成辅助巡洋舰、医院船或运兵船。为了战时需要，当时闻名世界的巨轮“不列颠尼克”号被征用作为医院船使用。经过改造，该船可以容纳3309名伤兵，安装了58艘救生艇。后来，战争愈演愈烈，“不列颠尼克”号再次授命，成为了“皇家海军G618”号医院船。

“仁慈”号医院船是最常见的美军现役医院船之一，在美国海军的各种军事行动中经常都能看到它们的身影。

兵器知识

> 日本的极地考察船的设备最为齐全
> 海洋调查船的核心任务是海洋环境监测

海洋科考船

地球的表面70%是蓝色的海洋，地球上的生物约有80%在海洋之中。海洋为人类的生存和发展提供了丰富的宝藏和无穷的资源。人类在漫漫的历史岁月中不断认识、利用、开发海洋，创造了光辉灿烂的海洋文化。航海是人类认识、利用、开发海洋的基础和前提，对海洋进行科学考察的海洋科考船则帮助人类实现了这一目的。

“马库斯·朗塞特”号科考船

“马库斯·朗塞特”号科考船隶属于美国自然科学基金会，是由美国国家科学基金会和哥伦比亚大学拉蒙特——多尔蒂地球观测站共同拥有、运营管理的。这艘海洋考察船长71.6米，能够搭载55人，其中大约有20 名都是船上的工作人员。“马库斯·朗塞特”号海洋考察船于2008年2月至3月开始在哥斯达黎加近海进行科学作业。其实，这艘考察船最初是地震考察船，由观测站在2004年收购并进行改装。作为学术研究船，“马库斯·朗塞特”号最为特别的是其全面的地球物理学探索能力，其中的设备，包括地震记录系统和气动声源阵列拖曳系统等。

“马库斯·朗塞特”号科考船

美国发表的公报称，“马库斯·朗塞特”号科考船的部分科考活动将在距离中国大陆海岸线10千米以内进行。但是，哥伦比亚大学拉蒙特——多尔蒂地球观测站的一位发言人表示，因为考虑到环境因素，科考计划已经进行了修订，“马库斯·朗塞特”号只会在距离台湾海峡

美国海军科考船

85千米与南中国海200千米以外的地方活动。这艘科考船的任务就是绘制一张海底地形图，以便更多地了解引发强烈地震的地质变化过程。这种活动对中国大陆有着实用价值，因为这里处于一个易发地震的区域，随时面临地震与海啸的威胁。

考察新型天然气

"马库斯·朗塞特"号海洋考察船将抵达台湾高雄港，预定执行第一个航次的海上震测调查。该项任务将先在高雄－屏东外海开展共约10天左右的调查，以探测可燃冰赋存区的深部地壳构造。然后，在台湾海峡周围及附近海域执行4个航次的海上反射震测调查。可燃冰的专业术语为甲烷水合物或天然气水合物，是由天然气和水在低温高压环境下所形成的冰状固态结晶。因其具有分布广、储量大、洁净等特点，所以极可能成为21世纪新形态的天然气资源。另外，由于可燃冰的变化会影响全球碳循环、全球气候变迁、海床斜坡的稳定性，其形成与分解机制以及可能的开发方式，一直都是各国的重点研究项目。

兵器简史

俄罗斯彼得大帝时代有一句名言："没有一支强大的海军，就没有强大的俄罗斯"。俄罗斯历来十分重视发展海洋战略，其造船业发展历史悠久。第二次世界大战以后，当时的前苏联造船工业达到迅猛发展，为前苏联海军和科考船队游戈于世界建造了众多的船舶和军舰。

海洋测量船

海洋测量船是一种能够完成海洋环境要素探测、海洋各学科调查和特定海洋参数测量的船只。按照任务的不同，可以将海洋测量船分为海道测量船、海洋调查船、科学考察船、地质勘察船、航天测量船、海洋监视船、极地考察船等。

早期的测量船只完成单一的海洋水深测量，主要用于保障航道安全。后来，随着社会的进步和科学技术的发展，海洋测量开始从单一的水深测量拓展到海底地形、海底地貌、海洋气象、海洋水文和地球物理特性、航天遥感、极地参数测量等方面。现代海洋调查船综合作业能力很强，不同学科、不同专业领域的任务并存，在完成主要使命的同时，也具备一定的通用海洋参数测量能力。

美国的海洋测量船

美国拥有多型号、新技术的海洋测量船。20世纪50年代末，美国海军建造了20多艘海洋测量船，其中比较著名的有3251吨的“托马斯·格·汤普森”级、3420吨的“海斯”号和12000吨的“领海”号。它们的主要特点是专业实验室比较多，工作面积较大，自动化程度高，电子设备齐全，配套设施较多。

到了80年代中期，美国海军加快了战场准备和海道测量的发展速度。在1989—1994年装备了6艘现代化测量船之后，又迅速在2年的时间里建造了6艘更先进的5000吨级中远海测量船。这些船上都装备了浅海回声测深仪、深海回声测深仪、海底浅层剖面仪、浅海多波束系统、深海多波束系统、多普勒声学测流仪、侧扫声呐、全球定位系统、遥控潜水器、重力仪、磁力仪等20多种海洋测量设备和多个测量工作站，可以详细准确地探测海底地形、海底地貌、海底浅层剖面等。它们的测量系统综合能力很强，大多以海洋测量和水文调查为主，同时在中型以上的测量船上还配置了海洋生物、海洋特性等专项调查设备。

美国的海洋测量船

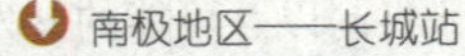

南极地区——长城站

英国海洋测量船的发展

英国皇家海军的海洋测量船吨位比较小，主要以1000吨以上的近海测量船为主。这些测量船的测量设备不仅多而且齐全、处理功能很强，处理机和工作站多是美国HP系列，测深仪、侧扫声呐、剖面仪等测量设备都是英国的产品。

近年来，英国皇家海军的测量船吨位越来越大。1996年建造的13300吨级“斯科特”号测量船每年可以工作300天，船底安装了超大规模的换能器阵，可以详尽地探测水下的物理、水文参数，同时还具有破冰能力。截止到1998年7月，皇家海军又连续建造了3艘现代测量船，全部采用新型测量系统，这充分表明了英国发展全球海域测量的战略意图。

现代的海洋测量船具有坚固的船体，较高的适航性、稳定性、耐波性和变速航行操纵性，并且装备有先进的全球导航定位系统，具备全球海域的续航力和自给力。它们大多采用柴油机动力装置，特殊的测量船还配备有电力推进系统。

海道测量船

海道测量船是一种最传统的测量船，按其测量的工作范围可分为沿岸、近海、中远海测量船和航标测量船。沿岸测量船的作业范围在沿岸海域和航道，测量水深一般在100米以内，主要完成航道水深测量、排查水下障碍物和其他有关航行安全的作业；近海测量船的测量范围在370多千米以内，作业空间较大，除水深测量外，还能完成海底地形、海底地貌、海洋磁力和海洋重力测量；中远海测量船的测量水深超过11千米，吨位在3000吨以上。这种测量船的抗风能力为12级，自给力超过60天，有足够的空间搭载海洋测绘、海洋气象、海洋水文、地球物理和其他特定任务的测量装备，能够在全球任何海域完成多方面的测量任务。

极地考察船

极地考察船是执行特定海域环境调查和科学研究的测量船，具有抵抗超低温恶劣环境和破冰作业的能力，而且强大的后勤补给系统能够支持极地考察的长期作业。船上搭载有极地考察和建站所必需的工程机械、运输工具和各种支援设备。俄、美、加、日等国都拥有这样的考察船，其中，俄罗斯的数量最多，日本的功能最全。

1982年，日本建成了“白濑”号南极考察船，该船为单体破冰型，满载排水量17600吨，航速15节，自给力38天，船员230人。船上还设置有海洋测绘、水文气象、水声物理、地质生物等多种学科的研究室，配备有绞车和起重设备，可搭载2架CH－53运输机、1架OH－6侦察机和1000吨的极地建站物资。

美国极地考察船

图书在版编目（CIP）数据

海上霸王：军用舰艇的故事 / 田战省编著. 一长春：北方妇女儿童出版社，2011.10（2020.07重印）
（兵器世界奥秘探索）
ISBN 978-7-5385-5698-8

Ⅰ. ①海… Ⅱ. ①田… Ⅲ. ①军用船－青年读物②军用船－少年读物 Ⅳ. ①E925.6-49

中国版本图书馆 CIP 数据核字（2011）第 199140 号

兵器世界奥秘探索

海上霸王——军用舰艇的故事

编　　著　田战省
出 版 人　李文学
责任编辑　张晓峰
封面设计　李亚兵
开　　本　787mm×1092mm　16 开
字　　数　200 千字
印　　张　11.5
版　　次　2011 年 11 月第 1 版
印　　次　2020 年 7 月第 4 次印刷

出　　版　吉林出版集团　北方妇女儿童出版社
发　　行　北方妇女儿童出版社
地　　址　长春市福祉大路5788号出版集团　　邮编 130118
电　　话　0431-81629600
网　　址　www.bfes.cn
印　　刷　天津海德伟业印务有限公司

ISBN 978-7-5385-5698-8　　定价：39.80元